解いて なっとく
身につく電気回路

博士（工学） 中野　人志
博士（工学） 浅居　正充　共著

コロナ社

まえがき

　電気・電子工学の技術や研究は，今日なお目覚ましく発展し続けており，その分野は多岐にわたっている。水力，火力，原子力，太陽光発電，およびそれらの送配電技術などの社会基盤形成をはじめとして，蛍光灯，白熱電球，LED などの照明器具，パソコンなどの情報処理装置，携帯電話，スマートフォンなどの通信装置，医療機器，さらにテレビ，DVD，エアコンなどの各種家電製品等々，電気技術によって生まれたさまざまなツールは，私たちの生活に欠かせないものとなっている。

　本書は，これら電気技術の土台となる「電気回路」についてまとめられた理工系大学生対象の入門書である。電気回路学は，電気抵抗，インダクタ，キャパシタといった線形回路素子から構成された回路の動作特性を解析する学問分野である。回路の解析法を発展させれば，望ましい電気特性を得るための回路設計が可能となる。すべての電気・電子・情報通信機器類は適切に設計された電気回路によって動作しており，電気回路学は，電磁気学と並んで，電気系のエンジニアを目指す学生にとっては，習得必須の分野として位置付けられる。

　電気回路で扱う電圧，電流，電子などは視認できない。したがって，電気回路の解析には数学的な手法が通常用いられる。本書では，数式の各所に空欄が設けられている。講義の受講時，あるいは予習・復習時にその空欄を自主的に埋めていくことを強く奨励する。電気系のエンジニアには，視認できないものをあたかも視認できるように取り扱う素養が求められており，数学は電気回路と「会話」するための道具・言葉として位置付けてほしい。回路動作の考察とともに，数式の扱いに慣れていくことを十分に意識しながら学習に臨んでいただきたい。

　また，本書では一般の教科書・テキストなどに出現する「例題」を設けていない。本文中の Problem は単純な計算や式の変形など，比較的低い難易度に設定されており，自ら解き始めることが可能であると期待している。章末の Exercises は難易度が若干高く，Problem で取り組んだ経験を活かし，これも積極的に解き始めることを奨励する。Problem および Exercise の後には一律若干のスペースが設けてある。このスペースに解法，要点などを書き込み，知識の積み上げを行い，電気回路の実際に触れていただきたい。本書を十分に使いこなせば，電気回路学の初歩が確実に身につくものと考えている。なお，コロナ社の web ペー

ジ[†]には，空欄部分の数式，および Problem と Exercise の解答が示されている。

　本書は，主として直流回路，正弦波交流回路，過渡現象回路，二端子対回路網の 4 項目で構成されている。消化不良が生じないように，内容の豊富さよりは必要最低限の基礎項目に絞っての記述に努めた。電気系の学生は，一足飛びに「電気技術の利用，応用」を学ぶ立場にはない。基礎の充実は，自らが新しい分野を開拓していく際にも大きな力となりうるのである。

　直流回路に関する記述には，通常の教科書・テキストに比べ，多くの紙面を割いた。高等学校の学習などで幾分かを理解している学生諸氏にとっては，進展が遅く感じられるかもしれない。直流回路解析法をしっかりと身につけることによって，交流回路解析が容易になるのは事実であり，時間をかけて確実に習得していただきたい。

　交流回路解析では，微分・積分など，直流回路に比べて数学的な煩雑さが増してくる。$\sin \omega t$ で表される実際の正弦波交流を $e^{i\omega t}$ という複素量に置き換えることによって，微分・積分を乗除算で行うことができ，交流回路は直流回路解析と同様な手法で評価可能となる。複素解析法は電気回路解析において有効なツールであり，これを身につければ，相互誘導回路，共振回路，三相回路解析もきわめて容易となる。本書の範囲外ではあるが，電気機器，情報通信工学においても複素解析法がベースとなっている。

　過渡現象解析では，単エネルギー回路を中心とし，回路の時間応答計算およびラプラス変換による解法の二つについて記述した。この際，必要となる微分・積分方程式の解析は必要最低限に留め，工学的なイメージの形成に重点を置いた。

　最終章では二端子対回路網についての簡単な説明を加えた。電気回路は信号やエネルギーの伝送に利用されることが多く，二端子対回路網の各種パラメータを学ぶことによって，伝送回路の基本事項を習得できるようにした。

　本書が学生諸氏の電気回路に関する興味を喚起し，電気系のエンジニアとして巣立つ一助になれば著者らの幸いとするところである。

　なお，本書の執筆にあたり，故 今尾勝三氏，中田淳一氏，中村史朗氏，玉田雅宣氏，中山敬三氏から貴重な助言をいただいた。感謝を申し上げる。

2012 年 3 月

著者代表　中野　人志

[†] http://www.coronasha.co.jp/np/isbn/9784339008340/
本書の「書籍詳細」ページ。コロナ社の top ページから書名検索でもアクセスできる。ダウンロードに必要なパスワードは「008340」。

目　　次

1章　直流回路，抵抗回路とオームの法則

- 1-1　電流と電荷 …………………………… 1
- 1-2　電流の大きさ ………………………… 2
- 1-3　電位と電位差 ………………………… 3
- 1-4　電気抵抗 ……………………………… 4
- 1-5　起電力と電気回路 …………………… 5
- 1-6　オームの法則 ………………………… 6
- 1-7　抵抗の接続 …………………………… 7
  - 1-7-1　抵抗の直列接続 ………………… 7
  - 1-7-2　等価回路 ………………………… 8
  - 1-7-3　抵抗による電圧の分圧 ………… 8
  - 1-7-4　抵抗の並列接続と分流 ………… 9
- 1-8　電圧降下 ……………………………… 12
- 1-9　抵抗以外の電気回路素子 …………… 12
  - 1-9-1　インダクタ（コイル） ………… 13
  - 1-9-2　キャパシタ（コンデンサ） …… 13
  - 1-9-3　その他の素子 …………………… 13
- **Exercises** …………………………………… 13

2章　直流電力

- 2-1　電力 …………………………………… 16
- 2-2　電流による発熱 ……………………… 17
- 2-3　電力量 ………………………………… 18
- **Exercises** …………………………………… 19

3章　キルヒホッフの法則による回路解析

- 3-1　キルヒホッフの第1法則 …………… 20
- 3-2　キルヒホッフの第2法則 …………… 21
- 3-3　キルヒホッフの法則を用いた回路解析の例 …………………………… 22
- 3-4　クラメールの解法を用いた回路方程式の解析 …………………… 22
  - 3-4-1　クラメールの解法を用いた2元1次連立方程式の解き方 ……… 23
  - 3-4-2　クラメールの解法を用いた3元1次連立方程式の解き方 ……… 24
- 3-5　ホイートストンブリッジ回路 ……… 25
- **Exercises** …………………………………… 26

4章　直流回路における諸定理

- 4-1　電流源と電圧源 ……………………… 28
- 4-2　重ね合わせの理 ……………………… 29

4-3 テブナンの定理··················31
Exercises··················35

5章 交流回路

5-1 正弦波交流··················37
  5-1-1 正弦波交流発生の原理··················38
  5-1-2 正弦波交流の角速度··················38
  5-1-3 正弦波交流の角周波数··················39
  5-1-4 正弦波交流の表記方法··················39
  5-1-5 正弦波交流の平均値··················40
  5-1-6 正弦波交流の実効値··················41
  5-1-7 正弦波交流の位相と位相差··················42
5-2 交流におけるオームの法則とキルヒホッフの法則··················43
5-3 回路素子··················43
  5-3-1 インダクタ··················44
  5-3-2 キャパシタ··················44
5-4 インダクタンスおよびキャパシタンス··················45
5-5 インダクタンスのみの交流回路··················47
5-6 キャパシタンスのみの交流回路··················48
5-7 電気抵抗のみの交流回路··················49
5-8 実際の交流回路··················49
  5-8-1 R-L 直列回路··················49
  5-8-2 R-C 並列回路··················51
Exercises··················52

6章 正弦波交流のフェーザー表示

6-1 フェーザー表示··················54
  6-1-1 フェーザー表示と複素数··················54
  6-1-2 フェーザー表示された正弦波の微分・積分··················57
6-2 複素数の四則演算··················59
  6-2-1 加法··················59
  6-2-2 減法··················59
  6-2-3 乗法··················60
  6-2-4 除法··················60
6-3 回路素子の複素数表示··················60
  6-3-1 抵抗··················60
  6-3-2 キャパシタンス··················61
  6-3-3 インダクタンス··················62
  6-3-4 インピーダンス··················63
6-4 各種回路のインピーダンスとフェーザー図··················64
  6-4-1 R-L 直列回路のフェーザー図··················64
  6-4-2 インピーダンス三角形··················65
  6-4-3 R-C 直列回路のフェーザー図··················65
  6-4-4 R-L 並列回路のフェーザー図··················66
6-5 インピーダンスとアドミタンス··················68
6-6 等価抵抗と等価リアクタンス··················69
Exercises··················69

7章　相互インダクタンス回路

7-1　相互インダクタンス ……… 73
7-2　複素記号による相互誘導回路の解析 ……… 75
Exercises ……… 76

8章　共振回路

8-1　直列共振 ……… 78
8-2　並列共振 ……… 80
8-3　共振回路の一般的な応用例 ……… 81
Exercises ……… 82

9章　交流電力

9-1　瞬時電力 ……… 84
9-2　平均電力（交流電力） ……… 85
9-3　有効電力と無効電力 ……… 86
 9-3-1　容量性負荷 ($\dot{Z}=R-j1/(\omega C)=R-jX_C$) の場合 ……… 86
 9-3-2　誘導性負荷 ($\dot{Z}=R+j\omega L=R+jX_L$) の場合 ……… 86
9-4　皮相電力と力率 ……… 87
9-5　回路素子における電力とエネルギー ……… 88
9-6　電力量 ……… 89
Exercises ……… 89

10章　三相回路

10-1　三相交流 ……… 91
 10-1-1　三相交流電源の表し方 ……… 91
 10-1-2　対称三相交流回路 ……… 92
 10-1-3　三相交流回路の電圧と電流 ……… 95
10-2　三相交流回路における電圧, 電流, 電力の解析 ……… 95
 10-2-1　Y形結線における電圧, 電流, 電力 ……… 95
 10-2-2　Δ形結線における電圧, 電流, 電力 ……… 97
10-3　非対称三相交流回路の考え方 ……… 99
10-4　三相交流回路の電力計算 ……… 99
Exercises ……… 101

11章　回路に関する諸定理と公式

11-1　重ね合わせの理 ……………… 102
11-2　テブナンの定理 ……………… 103
11-3　ノートンの定理 ……………… 104
11-4　交流ブリッジ回路 …………… 106
Exercises ………………………………… 107

12章　電気回路の過渡現象

12-1　基本回路の過渡現象 ………… 109
 12-1-1　R-L 直列回路の過渡現象 …… 110
 12-1-2　時定数 …………………… 112
 12-1-3　回路解析の手順 ………… 113
 12-1-4　R-C 直列回路の過渡現象 …… 114
 12-1-5　R-C 直列回路の過渡現象（充電） …… 116
 12-1-6　R-C 直列回路の過渡現象（放電） …… 117
12-2　特性方程式 …………………… 118
12-3　複エネルギー回路の過渡現象 …… 119
 12-3-1　R-L-C 直列回路の過渡現象 …… 119
 12-3-2　R-L-C 直列回路の過渡現象解析 …… 123
12-4　パルス回路 …………………… 124
Exercises ………………………………… 126

13章　ラプラス変換を用いた過渡現象の解析

13-1　ラプラス変換による回路解析の流れ …… 128
13-2　ラプラス変換の基礎 ………… 129
 13-2-1　単位ステップ関数 ……… 129
 13-2-2　指数関数 ………………… 130
13-3　ラプラス変換による回路解析 … 131
13-4　ラプラス変換とフーリエ変換 … 133
13-5　電気回路とラプラス変換の関係 …… 133
 13-5-1　抵抗 ……………………… 133
 13-5-2　インダクタ ……………… 134
 13-5-3　キャパシタ ……………… 134
13-6　ラプラス変換された電圧，電流 …… 135
13-7　ラプラス変換による基本回路の過渡現象解析 …… 136
13-8　部分分数展開 ………………… 137
13-9　インパルス応答 ……………… 139
Exercises ………………………………… 141

14章　回路網の取扱い

14-1　回路網の表現方法 …………… 143
14-2　一端子対回路網の表現方法 … 144

14-3 二端子対回路網の表現方法 …………… 144
　14-3-1 インピーダンス行列 ………………… 145
　14-3-2 インピーダンス行列の求め方 …… 146
　14-3-3 アドミタンス行列 ………………… 146
　14-3-4 縦続行列（基本行列，F行列）… 147
14-4 二端子対回路網の接続 ………………… 150
14-5 二端子対回路網による信号伝送 …… 151
14-6 フ ィ ル タ ……………………………… 153

　14-6-1 受動型フィルタの種類 …………… 153
　14-6-2 逆 回 路 …………………………… 154
　14-6-3 低域通過フィルタ
　　　　（ローパスフィルタ）……………… 154
　14-6-4 高域通過フィルタ
　　　　（ハイパスフィルタ）……………… 155
Exercises …………………………………… 156

引用・参考文献 …………………………………………………………………………… 158
索　　　引 ………………………………………………………………………………… 159

1章 直流回路，抵抗回路とオームの法則

　基本的な電気回路は，電流が流れる導線（電線），抵抗値をもつ負荷，それらにつながれた起電力をもつ電源で構成されることになる。電気回路は「抵抗回路」が基本であり，本書では「簡単な抵抗回路」の解析方法の説明から始めることにする。

　高等学校で物理を学んだ学生は多くの予備知識を有しているものと思われるが，問題を解くための単なる暗記では意味がないので，電流，電圧の定義など，基礎的事項の理解にまずは努めてもらいたい。本章では，電気回路で重要な電圧，電流，電気抵抗（単に抵抗ともいう），起電力，電位，電位差などについて学び，電気回路に適用可能な法則をもとに，簡単な抵抗回路における回路解析手法について述べる。また，1〜4章では電圧，電流の向きと大きさが変化しない直流についての回路解析を取り扱うことにする。

1-1　電流と電荷

　物体をこすると，物体に「静電気」を生じるときがある。この「電気現象」は**電荷**（electric charge）によるものである。電荷は電気的な量の一つであり，C（Coulomb クーロン）がその量を表す単位となっている。原子は正（プラス）の電荷をもった原子核と負（マイナス）の電荷をもった**電子**（electron）からなっている。原子核は，電荷をもたない中性子と，正の電荷をもつ陽子から構成されている。

　陽子一つがもつ電荷をe，電子一つがもつ電荷を$-e$とすると，このeは電荷素量と呼ばれ

$$e = 1.602 \times 10^{-19} \text{ [C]}$$

と表すことができる。一つの原子のなかには，陽子と電子が同じ数ずつ含まれているので，電気的には中性である。その物体がこすられたりして電子を失ったり，あるいは電子が加えられたりするとバランスが崩れ，物体は帯電する。下敷きをこすった後，頭上に下敷きを置くと，髪の毛が逆立つのは帯電による電気的な現象である。

1-2 電流の大きさ

電流（electric current）とは「電子の流れ」のことである。私たちは金属が電流を流しやすいことを日々の生活のなかで直感的に理解している。現在，電線の材料には「銅」が用いられることが多い。セラミックスやプラスチックは「電線」としてはまったく実用的ではない。

金属などの固体中の原子は規則正しく並んでおり，この原子を構成する電子の一部は原子核の束縛を離れて，原子と原子の間を自由に動き回れる**自由電子**（free electron）となっている。

いま，多数の自由電子をもつ物質に電池をつないだとする。自由電子は正極（プラス極）に引っ張られ，電池の負極（マイナス極）からは電子が供給されて，連続的な電子の流れが生じる。この流れが電流である。銅を電線に用いているのは自由電子が他の物質に比べて多く存在するからである。自由電子の多い物質を**導体**（conductor）と呼び，自由電子の少ない物質，つまり電流の流れにくい物質を**絶縁体**（insulator）と呼ぶ。また，導体と絶縁体の中間にある物質を**半導体**（semiconductor）という。

電流の量は電線に流れている電子の数で表すことができるが，便宜上「電子で運ばれる電荷」の量を電流として定義しており，「電線の断面を1秒間に1Cの電荷が通過したときの電流の大きさが1 A（Ampere）」となっている。

いま，電線の断面を Δt 秒間に秒 ΔQ〔C〕の電荷が通過した場合，そのときの電流 I は

$$I = \frac{\Delta Q}{\Delta t} \ \text{〔C/s〕} \equiv \text{〔A〕} \tag{1-1}$$

と表すことができる。

なお，電流は電子の流れであるので，電流の向きはマイナス極からプラス極の向きになると考えるのが自然であるが，初期の電気理論の組立において（電子がいまだ発見されていなかった時代）**プラスからマイナスに向かって流れる**と定義され，これが現在でも用いられている。実用上，支障はないので，今後も電流はプラスからマイナスに流れるものとして扱う。

Problem 1-1 電線に5Aの電流が4秒間流れたとする。その電線の断面を何個の電子が移動したことになるか？

1-3 電位と電位差

電位（electric potential）は，水の流れでいう「水位」に相当するものである。水は水位の高いほうから低いほうに流れる。水位が同じであれば，水の流れは生じない。言い換えれば，水位に差があることによって，水は流れるのである。

Fig. 1-1 に水位と電位との関係図を示す。水の流れは電流の流れによく似ている。**電流は電位の高いほうから低いほうに流れる**。電位の差を**電位差**（electric potential difference）または単に**電圧**（voltage）という。一般には電圧と呼ぶことのほうが多い。電位の基準は，理論上は，無限遠点を電位ゼロとして考えるが，地球の大地を電位ゼロとして運用しており実用上の問題はない。一般には**アース**（earth）または**グランド**（ground）と呼ばれている（洗濯機や電子レンジの外側ケースを「アースする」などとよくいうが，これはケースの電位をゼロにすることでケースが帯電した際の人への感電を防止しているのである）。

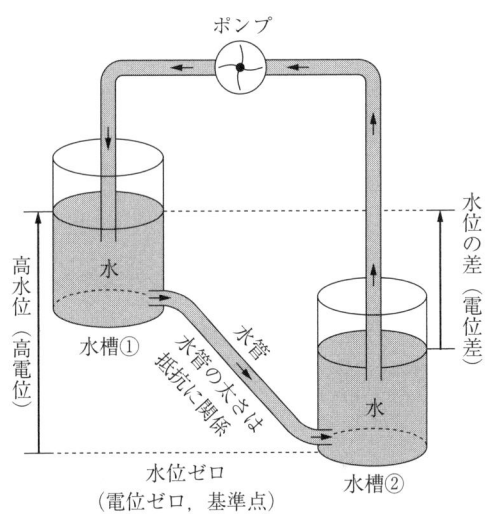

Fig. 1-1 水位と電位の関係

電圧の大きさ E は，ΔQ の電荷が 2 点間を移動する際に必要な位置エネルギー ΔU で定義することができる（**Fig.** 1-2）。すなわち

$$E = \frac{\Delta U}{\Delta Q} \ [\text{J/C}] \equiv [\text{V}] \qquad (1\text{-}2)$$

で示される。「1 C の電荷がある 2 点間を移動したとき，その電荷が受け取った仕事が 1 J（Joule）であれば，2 点間の電圧の大きさは 1 V（Volt）」となる。

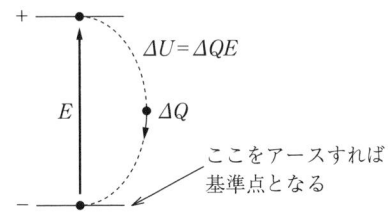

Fig. 1-2 電　圧

電圧の大きさは電荷の移動する経路には関係なく，Fig. 1-1 にも示したように，2 点の位置だけで決まる。また，Fig. 1-2 では，図中の矢印の先端方向の電位が高いことを示している。

1-4 電気抵抗

電流の流れを妨げる働きをするものを，**電気抵抗**（electric resistance）または単に**抵抗**と呼ぶ。抵抗の量は Ω（Ohm）を単位として用いる。

電気抵抗は電流の流れを妨げるので，電気エネルギーを利用する観点からは，好ましくないものとのイメージをもつかもしれないが，**電流を制御する素子と解釈すべきである**。また，抵抗を直列，並列に組み合わせることにより，電圧・電流を分割することが可能となり，実用上，電気抵抗を利用する機会は非常に多い。先に示した Fig. 1-1 においては，水管の太さが水の流れやすさを決めることになり，水管の太さが抵抗の大きさに該当することになる。

また，電気抵抗の大きさは，抵抗の材料となる物質の固有の性質，形や寸法などによって異なる。

電流は電子の流れである。この電子の流れを妨げる要因が導線などの材料内部にあり，それが電気抵抗の値として現れている。電気抵抗は，導体，半導体，絶縁体にかかわらず，物質の長さに比例し，断面積に反比例する。**Fig. 1-3** に示すように物質の長さを l，断面積を A とすると，物質の電気抵抗 R は次式で表すことができる。

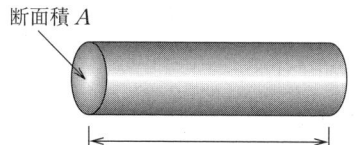

Fig. 1-3 物質の抵抗

$$R = \rho \frac{l}{A} \qquad (1\text{-}3)$$

ここで，比例定数 ρ は物質に固有の値であり，**抵抗率**（resistivity）と呼ばれる。抵抗率の単位は Ω·m であり

$$\rho = R\frac{A}{l} \quad \Rightarrow \quad [\Omega]\frac{[\mathrm{m}^2]}{[\mathrm{m}]} \quad \Rightarrow \quad [\Omega \cdot \mathrm{m}] \qquad (1\text{-}4)$$

となる。抵抗率 ρ は断面積 $1\,\mathrm{m}^2$，長さ $1\,\mathrm{m}$ の物体の抵抗に等しいことがわかる。各種金属の抵抗率を **Table 1-1** に示す。

電線は電流を通すために使われるものであり，このような導体を考える場合，抵抗率を使うよりも，電流の流れやすさを考えるほうが便利になるときがある。抵抗率の逆数を**導電率**（conductivity）と呼ぶ（記号は σ を使う）。単位はジーメンス/メートル [S/m] を使う（ジーメンス [S] については 1-6 節参照）。式 (1-4) より

Table 1-1 金属の抵抗率（20℃）

金属の種類	抵抗率 ρ [Ω·m]
アルミニウム	2.75×10^{-8}
鉄	10.0×10^{-8}
金	2.4×10^{-8}
銀	1.62×10^{-8}
銅	1.72×10^{-8}
白金	10.6×10^{-8}

$$\sigma = \frac{1}{\rho} \tag{1-5}$$

が得られる。

抵抗の大きさは，さらに温度，湿度，圧力などによっても変化する。詳細については電気電子材料などの講義で学習してもらいたい。

Problem 1-2 直径 D_1，長さ l_1 の導線材料がある。いま，この導線を長さが $4\,l_1$ になるように一様に引き伸ばしたとする（体積の変化が生じないように引き伸ばす）。引き伸ばした後の電気抵抗の大きさを求めよ。

1-5 起電力と電気回路

Fig. 1-4 に電球を点灯させるための電気回路図を示す。スイッチSをONにすると，電球は点灯する。この理由は Fig. 1-4 の電気回路のなかに電子が連続的に移動できる「原動力」，つまり電流を流し続けることのできる「源」があるからである。この原動力（装置）のことを**起電力**（electromotive force）もしくは**電源**（electric source）と呼んでおり，代表的なものとして電池があげられる。

起電力の単位は電圧と同様にVが用いられる。起電力の記号は Fig. 1-4 のように表す。長いほうの線が正極（プラス極）を示している。図中の矢印↑は，アースを基準点とした電位差を記号で表したものであり，この電気回路では矢印の先端方向の電位が高いことを示している。

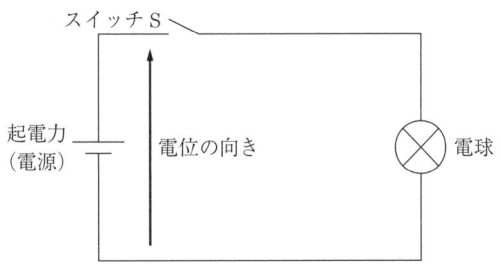

Fig. 1-4 電球を点灯させるための電気回路図

Fig. 1-4 のように電気回路を表すと，接続関係がわかりやすくなるため，電気回路解析の際には電気回路図を多用することになる。

1-6 オームの法則

Fig. 1-5 に抵抗 R に起電力が加えられたときの電気回路図を示す。抵抗に流れる電流は図中に記号で示した電流計，起電力の電圧は電圧計でそれぞれ測定されている。起電力を大きくするとそれに比例して電流も大きくなる。また，起電力の大きさを一定に保ち，抵抗の値を増加させると電流は抵抗値に反比例する結果となる。これらの関係は 1826 年にオーム（G. S. Ohm）によって実験的に見いだされたものであり，**オームの法則**（Ohm's law）と呼ばれている。起電力の大きさを E〔V〕，流れる電流の大きさを I〔A〕，抵抗の大きさを R〔Ω〕とすると，次式が得られる。

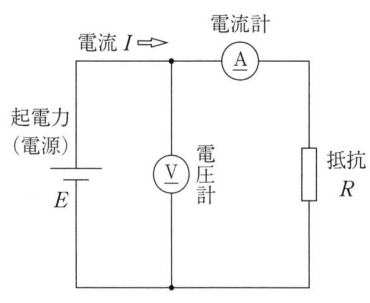

Fig. 1-5　抵抗に流れる電流の測定回路図

$$E = RI \tag{1-6}$$

また，R の逆数を**コンダクタンス**（conductance）G で表すと

$$I = GE \tag{1-7}$$

の関係式を得ることができる。コンダクタンス G の単位には S（Siemens）を用いる。G は電流の流れやすさを表す量である。なお，**Fig**. 1-5 中の電流の横に書かれている矢印 ⇨ は，測定の向きを表すもので，**電流の値が必ずしも正である向きを表すものでないことに注意する必要がある。**

Problem 1-3　ある抵抗に 10 V の電圧を加えたとき，2 A の電流が流れた。抵抗の値を求めよ。

Problem 1-4　**Fig**. 1-6 の回路に流れる電流の大きさを求めよ。

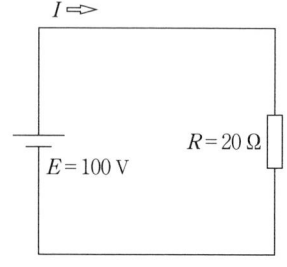

Fig. 1-6　Problem 1-4

1-7 抵抗の接続

実際に電気回路を利用する際には，抵抗を一つだけ取り付けるのではなく，複数の抵抗を接続して使う場合が多い。抵抗の接続方法には直列接続と並列接続がある。本節では，直列や並列に接続された抵抗の**合成抵抗**（resultant resistance）がどのようになるかを中心に記述していく。

1-7-1 抵抗の直列接続

Fig. 1-7 は，抵抗の一端をもう一つの抵抗の一端に接続した状態を図記号で表している。このような接続の方法を**直列接続**（series connection）という。

Fig. 1-7 抵抗の直列接続

Fig. 1-8 は，Fig. 1-7 に示した直列接続された抵抗を起電力につないだ様子を表しており，その両端を端子 a-b として示している。この電気回路に流れる電流は，抵抗 R_1 を経て，すべて抵抗 R_2 に流れる。つまり，各抵抗に流れる電流はいずれも I となる。Fig. 1-8 のように各抵抗に生じる電圧をそれぞれ V_1，V_2 とすれば，オームの法則からつぎの二つの関係式を得ることができる。

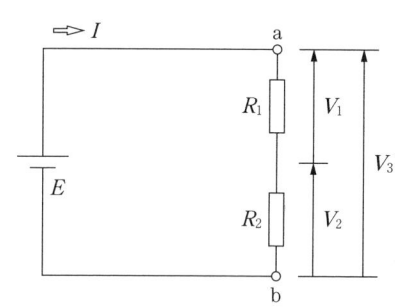

Fig. 1-8 抵抗の直列接続

$$\left. \begin{array}{l} V_1 = R_1 I \\ V_2 = R_2 I \end{array} \right\} \tag{1-8}$$

端子 a-b 間の電圧 V_3 は V_1，V_2 の和に等しくなり，つぎの関係となる。

$$V_3 = V_1 + V_2 = R_1 I + R_2 I = (R_1 + R_2) I \tag{1-9}$$

式 (1-9) より，回路全体の抵抗（合成抵抗）の大きさ R は

(1-10)

と示すことができる。

一般に n 個の抵抗を直列接続した場合の合成抵抗はつぎのように表すことができる。

(1-11)

1-7-2 等価回路

Fig. 1-9（a），（b）に示す二つの回路は，同じ起電力 E を加えたときに流れる電流 I がつねに等しくなる。このような両回路は，たがいに**等価**（equivalent）であるという。また，このとき Fig. 1-9（b）の回路は Fig. 1-9（a）の回路の**等価回路**（equivalent circuit）であるという。

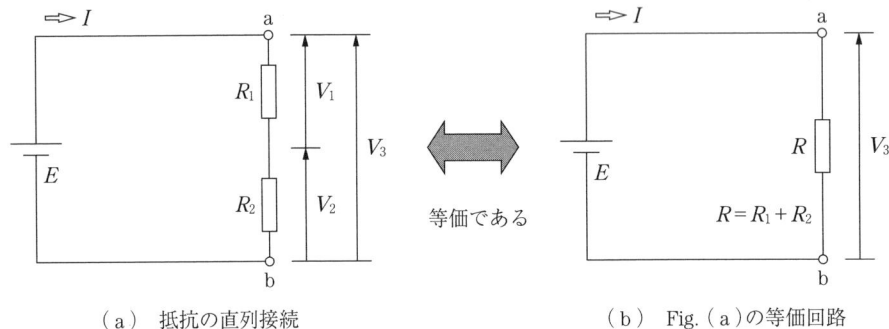

（a）抵抗の直列接続　　　　　　　　　　（b）Fig.（a）の等価回路

Fig. 1-9 等 価 回 路

1-7-3 抵抗による電圧の分圧

Fig. 1-8 において，回路の電流 I は次式のように表すことができる。

$$I = \frac{V_3}{R_1 + R_2} \tag{1-12}$$

各抵抗に加わる電圧 V_1，V_2 と端子 a–b 間の電圧 V_3 の関係式として次式を得る。

$$V_1 = \qquad\qquad\qquad\qquad\qquad\qquad\qquad \tag{1-13}$$

$$V_2 = \qquad\qquad\qquad\qquad\qquad\qquad\qquad \tag{1-14}$$

ここで，電圧 V_1，V_2 の比を求めると

$$\frac{V_1}{V_2} = \frac{R_1 I}{R_2 I} = \frac{R_1}{R_2} \tag{1-15}$$

となり，各抵抗に生じる電圧の比率は各抵抗値の比率に等しいことがわかる。これを抵抗による**電圧の分圧**（voltage division）という。**抵抗を直列接続することにより，回路に供給された電源の電圧を分割して利用することができるのである。**

Problem 1-5　10 Ω の抵抗7個を直列接続したときの合成抵抗の値を求めよ。

Problem 1-6 Fig. 1-8 の回路において,R_1 と R_2 が,それぞれ 20 Ω,5 Ω であった場合の a-b 間の合成抵抗の値を求めよ。また,V_3 が 100 V のときに回路に流れる電流 I の大きさを求め,R_1 の両端に発生する電圧の大きさを求めよ。

1-7-4 抵抗の並列接続と分流

Fig. 1-10 は抵抗の一端どうしを接続し,もう一方の端子も同様な接続を行っている。このような接続方法を**並列接続**(paralled connection)という。一方,**Fig**. 1-11 は Fig. 1-10 の並列接続された抵抗を起電力につないだ様子を表している。各抵抗 R_1,R_2 に流れる電流 I_1 および I_2 はオーム法則によりつぎのように示される。

$$I_1 = \frac{V}{R_1}, \qquad I_2 = \frac{V}{R_2} \tag{1-16}$$

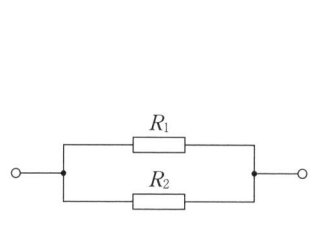

Fig. 1-10 抵抗の並列接続

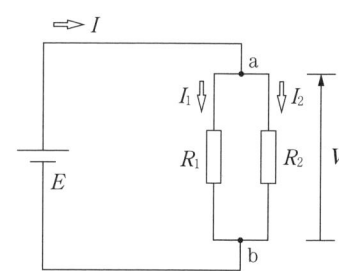

Fig. 1-11 並列接続した抵抗に起電力をつないだ回路

各抵抗に生じる電圧は並列接続の場合,等しくなることに注意する必要がある(端子 a-b 間の電位差は同じである)。各抵抗に流れる電流の比率は

$$\frac{I_1}{I_2} = \frac{V/R_1}{V/R_2} = \frac{R_2}{R_1} \tag{1-17}$$

のようになり,それぞれの抵抗値の逆数比に等しくなることがわかる。電源から流れる電流 I は並列接続のところで I_1 と I_2 に分かれて流れており,つぎのように表すことができる。

$$I = I_1 + I_2 \tag{1-18}$$

式 (1-18) は Fig. 1-11 の端子 a,b において「流入電流 (I) は流出電流 ($I_1 + I_2$) に等しい」ことを意味している。書き換えれば

$$I - (I_1 + I_2) = \sum I = 0 \tag{1-19}$$

となる。これを**電流の連続性**といい,「キルヒホッフの第 1 法則」と呼んでいる。キルヒ

ホッフの法則については3章で詳しく学習する。

　話を戻して，回路に流れる電流 I は式 (1-18) からつぎのように表現することもできる。

$$ \tag{1-20}$$

　並列接続された抵抗の合成抵抗を R とすると，オームの法則よりつぎの関係が示される。

$$ \tag{1-21}$$

　式 (1-20)，(1-21) より，合成抵抗は

$$ \tag{1-22}$$

と表現できる。

　一般に n 個の抵抗を並列接続した場合の合成抵抗は，以下のように表すことができる。

$$ \tag{1-23}$$

　式 (1-22) より，合成抵抗 R は

$$R = \frac{R_1 R_2}{R_1 + R_2} \tag{1-24}$$

となる。これを式 (1-21) に代入すると

$$I = \frac{V}{R} = V \frac{R_1 + R_2}{R_1 R_2} \tag{1-25}$$

となる。

　並列接続された各抵抗 R_1，R_2 には V の電圧が加わっているので

$$R_1 I_1 = R_2 I_2 = V \tag{1-26}$$

であり，式 (1-26) を式 (1-25) に代入することにより，各抵抗に流れる電流 I_1 および I_2 をつぎのように示すことができる。

$$I_1 = \tag{1-27}$$

$$I_2 = \tag{1-28}$$

　並列接続の場合，各抵抗に流れる電流は，式 (1-27)，(1-28) に示す関係に従って分かれて流れるようになる。これを**電流の分流**（current division）という。**抵抗を並列接続することにより，回路全体に流れる電流を分流することができるのである。**

　以上のように，抵抗を直列接続および並列接続することにより，分圧，分流が可能とな

る。分圧や分流ができれば，所望の電圧や電流が得られるようになる。実際の回路設計や構成においても，そのようにして電圧や電流を制御している。

Problem 1-7　30 Ω の抵抗 3 個を並列に接続してある。合成抵抗の値を求めよ。

Problem 1-8　Fig. 1-12 の回路において，端子 a–b 間の合成抵抗の値を求めよ。また，電源より流出する電流の大きさ I と，40 Ω の抵抗に流れる電流の大きさを求めよ。さらに 50 Ω の抵抗の両端に生じる電圧の大きさを求めよ。

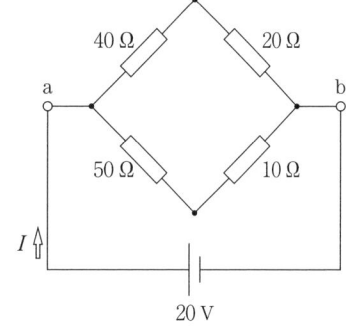

Fig. 1-12　Problem 1-8

Problem 1-9　Fig. 1-13 の回路において，端子 a–b 間の合成抵抗の値を求めよ。

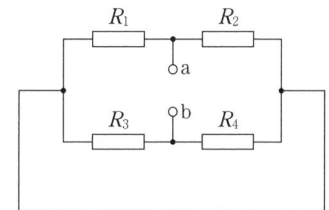

Fig. 1-13　Problem 1-9

Problem 1-10　Fig. 1-14 の回路において，端子 a–b 間の合成抵抗と電流 $I_1 \sim I_3$ を求めよ。また，合成抵抗を R としたときの等価回路を示せ。

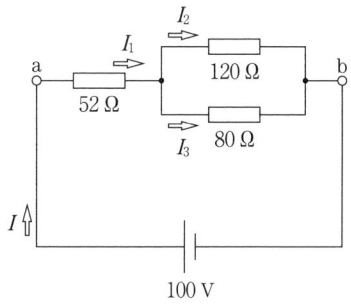

Fig. 1-14　Problem 1-10

1-8 電圧降下

Fig. 1-15（a）において，Rの両端に発生する電圧はオームの法則よりRIとなり，電源の電圧Eとつり合うことになる。Fig. 1-15（b）は，点aを基準電位と考えて回路各部の電位分布を表したものであり，点a-b間で電位が起電力分Eまで上昇し，点b-c間でRI分だけ下降することを示している。結果として，点a-c間の電位差はゼロとなる。電流の流れに沿って見ると，電流Iが抵抗Rの点bから点cの方向に流れるとき，電位は電流の方向に沿って降下することになる。そして，点cの電位は点bの電位よりRIだけ低くなる。

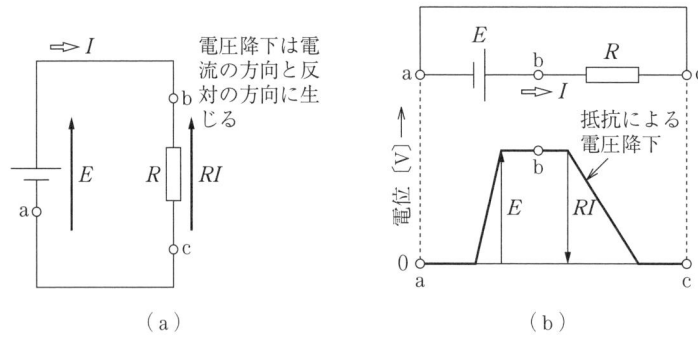

Fig. 1-15　抵抗による電圧降下

一般に，RIはRによる**電圧降下**（voltage drop），あるいはIによるRでの電圧降下などと呼ばれる（RIを逆起電力と呼ぶこともある）。**電圧降下は電流の流れる方向と反対の方向に電位が高くなるように生じる。**

電位上昇分（起電力）の電位差を正にとり，電圧降下部分の電位差を負にとると，以下の式が導かれる。

$$E+(-RI)=0 \rightarrow E=RI \tag{1-29}$$

これは，後に学ぶことになるキルヒホッフの第2法則でもある。

1-9　抵抗以外の電気回路素子

直流回路では，ほとんどの電気回路が抵抗回路となる。実際の現場では交流回路を使うことも多く，抵抗以外のさまざまな回路素子が利用されている。ここでは抵抗以外の回路素子を簡単に紹介する。

1-9-1 インダクタ（コイル）

導線を密に巻いた円筒状の**コイル**（inductor, coil）は，電流が流れたときに「電磁誘導」などの磁気的作用が生じる。インダクタは円筒状とは限らず，長方形など，いろいろな種類がある。詳細は交流回路などで学ぶ。図記号を **Fig**. 1-16 に示す。

Fig. 1-16 インダクタ（またはコイル）の図記号

1-9-2 キャパシタ（コンデンサ）

面積の等しい2枚の金属板をある間隔で平行に並べると，蓄電装置として働く。これを**キャパシタ**（capacitor），または**コンデンサ**（condenser）という。用途に応じてさまざまな種類がある。詳細については，これも交流回路などで紹介する。図記号を **Fig**. 1-17 に示す。

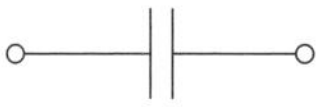

Fig. 1-17 キャパシタ（またはコンデンサ）の図記号

1-9-3 その他の素子

その他，電圧源，電流源については4章で，変成器などについては7章で紹介する。

Exercises

Exercise 1-1　**Fig**. 1-A において，電流 I_1 と I_2 の比を求めよ。

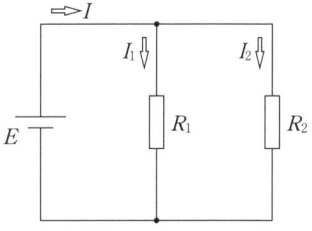

Fig. 1-A　Exercise 1-1

Exercise 1-2　抵抗の Δ-Y 変換について調べ，各自まとめよ。

Exercise 1-3　Exercise 1-2 で調べた抵抗の Δ-Y 変換を用いて，**Fig**. 1-B に示す回路の端子 a-b 間の合成抵抗の値を求めよ。

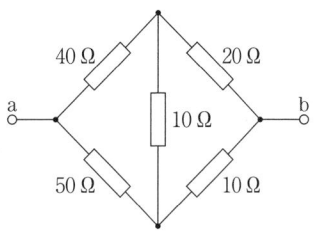

Fig. 1-B　Exercise 1-3

14　　1. 直流回路，抵抗回路とオームの法則

Exercise 1-4　**Fig**. 1-C の回路において，合成抵抗の値がスイッチ S の開閉に無関係となる条件を示せ。

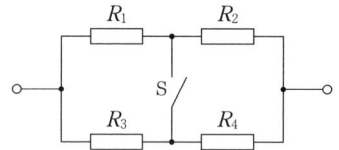

Fig. 1-C　Exercise 1-4

Exercise 1-5　**Fig**. 1-D の回路において，端子 a-b 間における合成抵抗の値を求めよ。

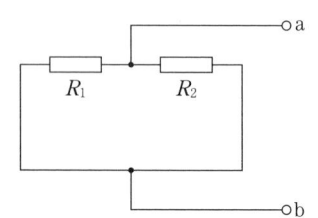

Fig. 1-D　Exercise 1-5

Exercise 1-6　**Fig**. 1-E の回路において，抵抗 R_L の両端に発生する電圧 E_L の大きさを求めよ（抵抗の Δ-Y 変換を用いれば容易に解析可能である）。

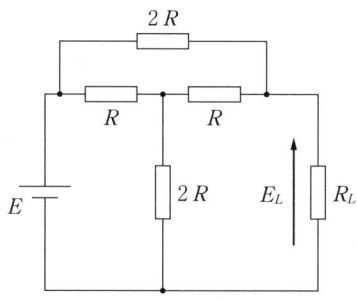

Fig. 1-E　Exercise 1-6

Exercise 1-7　**Fig**. 1-F の回路において，電流 $I_1 \sim I_3$ の大きさを求めよ。

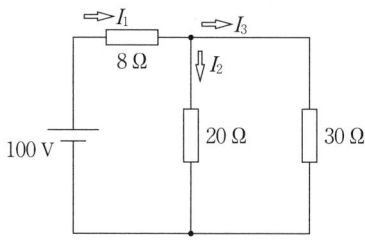

Fig. 1-F　Exercise 1-7

Exercise 1-8　**Fig**. 1-G の回路において，電流 $I_1 \sim I_4$ および I の大きさを求めよ。

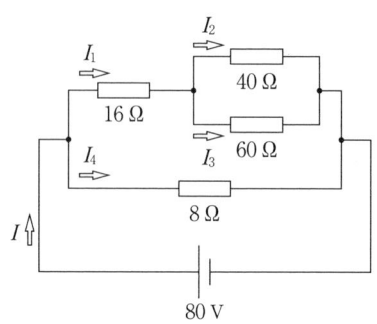

Fig. 1-G　Exercise 1-8

Exercise 1-9 Fig. 1-H の回路において，長さ l の導線 a-c は単位長さ当り ρ の抵抗をもち，他の導線の抵抗は無視できるものとする。この回路の c-d 間の開放電圧を V とするためには，a-b 間に起電力 E_1 の電池を接続する必要がある。一方，a-b 間の開放電圧は，c-d 間に起電力 E_2 の電池を接続することにより V とすることができた。このとき，a-p 間の距離 x を求めよ。

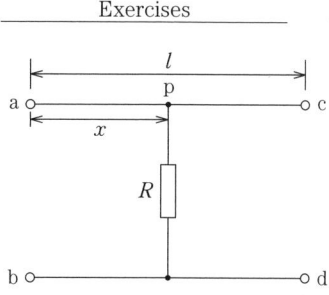

Fig. 1-H Exercise 1-9

Exercise 1-10 Fig. 1-I のように，立方体の各頂点間に同じ抵抗値 R の抵抗を接続した。a-h 間の合成抵抗を求めよ（ヒント：a-h 間に電圧をかけた場合に電流が各導線にどのように分流されるかを考えてみよ）。また，h-g 間の抵抗に直列に起電力 E の電池を接続した場合，d-h 間の抵抗に流れる電流を求めよ。

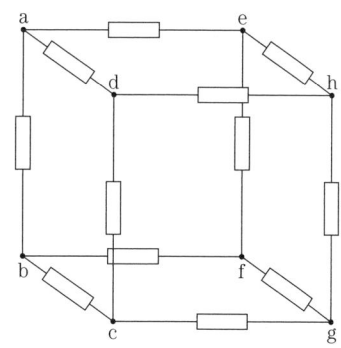

Fig. 1-I Exercise 1-10

Exercise 1-11 Fig. 1-J の回路において，以下の問いに答えよ。

(1) 回路に流れる電流 I の大きさを求めよ。

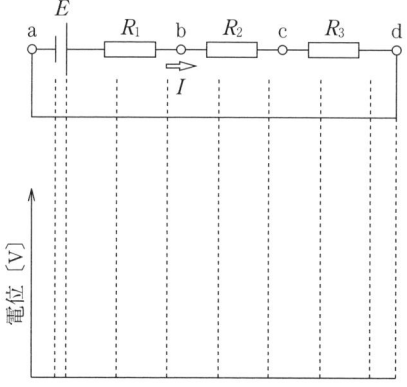

(2) 抵抗 R_2 の両端（点 b-c 間）に現れる電圧 V_{cb} の大きさを求めよ。

Fig. 1-J Exercise 1-11

(3) 点 a-b 間に現れる電圧 V_{ba} の大きさを求めよ。

(4) 点 a を基準にした回路の電位の変化を図示せよ。

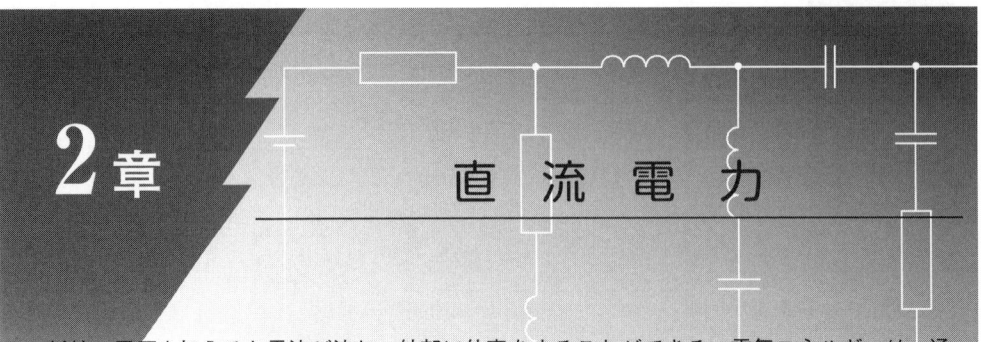

2章　直流電力

　抵抗に電圧を加えると電流が流れ，外部に仕事をすることができる。電気エネルギーは，通常，他のエネルギー形態に変換されて利用されることになる。例をあげると，照明などの光エネルギー，モータ等の機械エネルギーなどである。一般には，電気エネルギーの発生や消費などを表すのに**電力**（electric power）という用語が使われる。本章では，直流回路の電力について詳細を記述する。

2-1　電　　　力

　単位時間当りの電気エネルギーのことを，**電力**と呼ぶ（**力学の分野で学ぶ仕事率に相当**）。電力の単位としては W（Watt）が用いられる。電力を P とすると，その大きさは電圧を V，電流を I として，次式で表すことができる。

$$ \tag{2-1}$$

抵抗回路の抵抗値を R とすると，オームの法則からつぎの関係を得ることができる。

$$ \tag{2-2}$$

　電力1Wとは，1秒間に1Jの仕事をする電気エネルギーのことである。電力の単位は，W＝J/s と置き換えて考えるとわかりやすい。

Problem 2-1　Fig. 2-1 の回路において，抵抗全体で消費する電力，および 30 Ω の抵抗で消費する電力を求めよ。

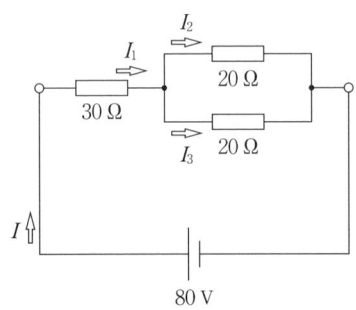

Fig. 2-1　Problem 2-1

Problem 2-2 定格電圧 100 V, 40 W の電球に 100 V の電圧を加えたときの電流の大きさを求めよ[†1]。

Problem 2-3 Fig. 2-2 の回路において、**負荷抵抗**（load resistance）R_L が消費する電力を求めよ[†2]。そして、それが最大になる R_L の値と、そのときの電力 $P_{\max}$ を求めよ。

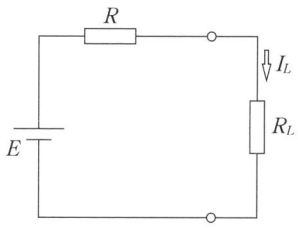

Fig. 2-2　Problem 2-3

2-2　電流による発熱

抵抗に電圧を加えて電流を流し続けると「発熱」する。この現象は電気ストーブなどの暖房器具、乾燥機、物質を溶かす融解装置などに広く利用されている。発生する熱量と抵抗、電圧、電流との間には一定の関係がある。

Fig. 2-3 に示すように、抵抗 R に電圧 V を加え、電流 I が t 秒間流れたとする。このとき発生する熱量 Q は、次式のように示すことができる。

$$Q = I^2 R t \tag{2-3}$$

Q の単位は J である。式 (2-3) を**ジュールの法則**（**Joule's law**）といい、1840 年にイギリスのジュール（J. P. Joule）によって実験的に発見されたものである。また、電流が抵抗に流れることによって発生する熱のことを**ジュール熱**（Joule heat）と呼ぶ。

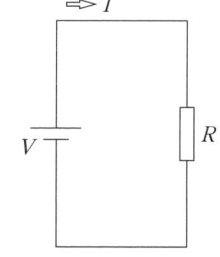

Fig. 2-3　抵抗による発熱

Problem 2-4 10 Ω の抵抗器を使って 1 秒間で 10 J のエネルギーを得たい。何 A の電流が必要になるか求めよ。

---

†1　**定格**とは、電気機器・装置・部品などについて、指定された条件における仕様、性能、使用限度などのことをいう。定格電圧 100 V と示されてあれば、100 V を超えるか、または 100 V より低い電圧で機器を使用した際の性能や安全性は保証されない。

†2　**負荷抵抗**とは、仕事をするための抵抗のことをいう。100 V で 50 W の電球であれば 200 Ω の抵抗値となるが、この 200 Ω の抵抗が負荷抵抗である。

18　2. 直 流 電 力

Problem 2-5　20 Ω の抵抗に，5 A の電流を 30 分間流したときに発生する熱量は何 J か求めよ。また，この熱量で 30 ℃ の水 10 kg を加熱すると，水の温度は何℃になるか求めよ。ただし，水の比熱を 4.19×10^3 J/(kg·K) とする。

2-3　電　力　量

電流がある時間，負荷抵抗に流れたとき，消費された電気エネルギーの総量を電力量という。電流を流し続けた時間を t とすると，電力量 W は次式で表すことができる。

$$W = Pt \tag{2-4}$$

式 (2-2) の関係から，変形すると

(2-5)

を得ることができる。電力量の単位には W·h（ワットアワー）（あるいは，ワット時）などが用いられる。電力量は電気料金計算のもとになる単位となっている。各家庭あるいは工場などに取り付けられている「積算電力量計」は，kW·h（キロワットアワー）（あるいは，キロワット時）の単位を基本として電力の使用量を測定している。

Problem 2-6　1 kW·h は何 J のことか求めよ。

Problem 2-7　ニクロム線（電熱線の代表的なもの）に 100 V の電圧が加えられ，5 A の電流が流れている。2 時間使用したとすると，その間に消費された電力量は何 kW·h になるか求めよ。また，求めた電力量を J に換算して示せ。

Exercises

Exercise 2-1 定格電圧 100 V の 40 W および 20 W の白熱電球がある。この二つの電球を直列に接続し，100 V の電源につないだ。どちらの電球が明るく点灯するか。

Exercise 2-2 起電力 E，内部抵抗 r の電池 m 個を直列に接続し，抵抗 R の電球 n 個を並列に接続したものに電力を供給した。全電球で消費される電力 P の大きさを求めよ。

Exercise 2-3 **Fig**. 2-A の回路において，負荷抵抗 R_L における消費電力を最大にする R_L の値と，そのときの電力（最大電力 P_{Lm}）を求めよ。

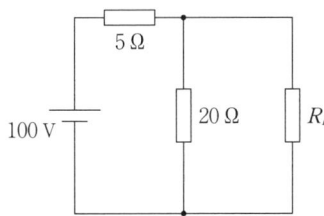

Fig. 2-A Exercise 2-3

Exercise 2-4 あるインクジェットプリンタの電源を入れた状態で，動作していないときの消費電力が 5 W，動作中の消費電力が平均 10 W であるとする。100 日間にわたり，毎日 1 時間このプリンタの電源を入れ，そのうち 50 分間動作させた場合，所要電力量は何 kW·h となるか求めよ。

Exercise 2-5 消費電力が 700 W (100 V) の電熱線を断面積が 3/4 になるまで引き伸ばした場合，消費電力はどのようになるか求めよ。

Exercise 2-6 1 リットルの水を 0°C から 80°C まで温めるのに，8 分かかった。使用した電力は何 W か求めよ。

3章 キルヒホッフの法則による回路解析

抵抗を直並列接続した場合の合成抵抗は，等価回路を考えることにより簡単に求められる。合成抵抗が求められると，分圧や分流を考慮することで，抵抗を流れる電流や各抵抗での電圧降下を計算することができる。実際の電気回路は，いままで学んだような単純なものではなく，直並列回路や起電力が入り混じった複雑なものもあり，各抵抗に流れる電流などが簡単に求まらない場合がある。今後，「直並列回路や起電力が入り混じった電気回路」を総称して**回路網**（network）と呼ぶことにする。本章で学ぶ**キルヒホッフの法則**（Kirchhoff's law）は，回路網の解析に非常に便利である。

3-1　キルヒホッフの第1法則

電流は，前述したとおり電子の流れである。したがって，回路網の途中で消滅したりすることは考えられない。**回路網中の任意の分岐点に流入する電流の和は，流出する電流の総和に等しい**。この法則を**キルヒホッフの第1法則**と呼ぶ。

Fig. 3-1 に示す分岐点Oに着目する。電流 I_1, I_2, および I_4 は分岐点に流入する電流であり，I_3 および I_5 は流出する電流である。キルヒホッフの第1法則から，つぎの関係を得ることができる。

$$I_1 + I_2 + I_4 = I_3 + I_5 \tag{3-1}$$

分岐点を基準に流入電流を正の符号，流出電流を負の符号として表すと

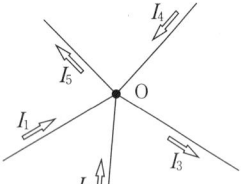

Fig. 3-1 キルヒホッフの第1法則

$$\tag{3-2}$$

と示すことができる。キルヒホッフの第1法則は，**回路網中の任意の分岐点における電流の代数和はゼロである**，と言い換えることができる。したがって

$$\sum I = 0 \tag{3-3}$$

と表記できる。

なお，Fig. 3-1 中での各電流を**枝電流**（branch current）と呼ぶことがある。

Problem 3-1 回路網中のある分岐点にそれぞれ5A，6A，10Aの大きさの電流が流入した。分岐点から流出した電流は2系統あり，一方の電流の大きさは17Aであった。他方の電流の大きさを求めよ。

3-2 キルヒホッフの第2法則

キルヒホッフの第1法則は電流に関してのものであったが，**キルヒホッフの第2法則**は電圧に関する法則である。**Fig**. 3-2の回路を考える。

a→b→c→d→aのように1周して閉じている回路を**閉回路**（closed path）という。この閉回路中に破線で書かれているのは「閉回路の向き」であり，**回路をたどる向き**として仮定しているものである。さらに，回路に流れる電流 I_1〜I_8 の向きも図のように仮定されている。

キルヒホッフの第2法則は，**回路網中の任意の閉回路を一定の向きにたどるとき，閉回路中の各部の起電力の総和と電圧降下の総和は等しい**，というものである。いま，Fig. 3-2の閉回路において起電力の和と電圧降下の和を求めると，それぞれつぎのようになる。

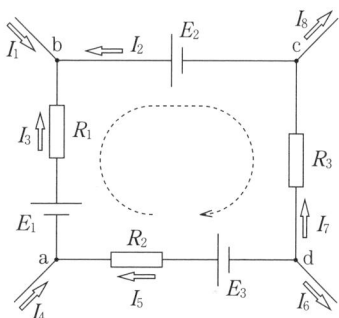

Fig. 3-2 キルヒホッフの第2法則

$$（起電力の和）= E_1 - E_2 + E_3 \tag{3-4}$$
$$（電圧降下の和）= R_1 I_3 - R_3 I_7 + R_2 I_5 \tag{3-5}$$

起電力および電圧降下に正負の符号が付いているのは，**閉回路をたどる方向と同じ向きの起電力および電流を正として，逆向きを負とした**ためである。キルヒホッフの第2法則より，それぞれの総和が等しくなるので

$$ \tag{3-6}$$

となる。キルヒホッフの第2法則は，**任意の閉回路において，閉回路に沿った電圧降下と起電力の代数和はゼロである**，と言い換えることができる。したがって

$$\sum RI = \sum E \tag{3-7}$$

と表記できる。

3-3　キルヒホッフの法則を用いた回路解析の例

Fig. 3-3において，二つの閉回路をそれぞれ閉回路Ⅰおよび閉回路Ⅱとする。**閉回路のたどる方向は破線のとおり，電流の方向は矢印の向きと仮定する**。いま，回路に流れる電流I_1〜I_3を求める式を導き出してみる。未知の電流は3通りであり，3個の独立した**回路方程式**が必要であることが容易に想像できる。

点aにキルヒホッフの第1法則を適用すると

$$\quad\quad\quad\quad\quad\quad\quad\quad\quad\quad\quad\quad\quad\quad (3\text{-}8)$$

の関係が導き出せる。つぎに閉回路Ⅰにおいて，キルヒホッフの第2法則を適用すると

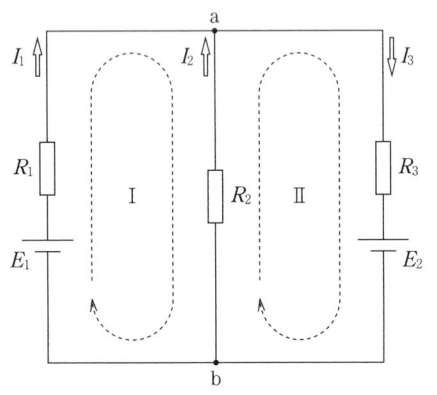

Fig. 3-3 回路解析の例

$$\quad\quad\quad\quad\quad\quad\quad\quad\quad\quad\quad\quad\quad\quad (3\text{-}9)$$

が成立する。正負の符号が付いているのは，前述のとおり，「閉回路の向き」によるものであり，Fig. 3-3 で確認してもらいたい。一方，閉回路Ⅱでは，同様に

$$\quad\quad\quad\quad\quad\quad\quad\quad\quad\quad\quad\quad\quad\quad (3\text{-}10)$$

が導き出せる。

キルヒホッフの法則を用いて問題を解く場合（回路解析を行う場合），**電流の向きや閉回路の向きを明確に仮定して式を立てることが重要**である。

Fig. 3-3における電流I_1〜I_3は，式(3-8)〜(3-10)の三つの連立方程式を解くことによって求められる。もし，解いた電流の値が負になったならば，それは実際には最初に仮定した電流の向きと逆の方向に電流が流れていることを意味することになる。

3-4　クラメールの解法を用いた回路方程式の解析

本節では，クラメールの解法を用いた回路解析について述べる。数学的な意味の詳細は「線形代数学」などのテキストを参照して理解するのが望ましい。

3-4-1　クラメールの解法を用いた2元1次連立方程式の解き方

つぎに示す2元1次連立方程式について考える。

$$a_1 x + b_1 y = c_1 \tag{3-11}$$

$$a_2 x + b_2 y = c_2 \tag{3-12}$$

まず，式 (3-11)，(3-12) から x について解くことを考える。以下の手順で解を得ることができる。

① x の係数 a_1，a_2 を定数項の c_1，c_2 で置き換えた行列式をつくり，これを分子とする。

② a_1，a_2 および b_1，b_2 でつくられた行列式を求め，これを分母とする。

x は以下の式で示すことができる。

$$x = \frac{\begin{vmatrix} c_1 & b_1 \\ c_2 & b_2 \end{vmatrix}}{\begin{vmatrix} a_1 & b_1 \\ a_2 & b_2 \end{vmatrix}} = \frac{b_2 c_1 - b_1 c_2}{a_1 b_2 - a_2 b_1} \tag{3-13}$$

行列式を解く際の符号はつぎのように決定される。

$$\begin{vmatrix} a_1 & b_1 \\ a_2 & b_2 \end{vmatrix}$$

y についても同様に，y の係数 b_1，b_2 を定数項の c_1，c_2 で置き換えた行列式をつくる。すなわち

$$y = \frac{\begin{vmatrix} a_1 & c_1 \\ a_2 & c_2 \end{vmatrix}}{|\Delta|} = \frac{a_1 c_2 - a_2 c_1}{a_1 b_2 - a_2 b_1} \tag{3-14}$$

ここで，Δ は式 (3-13) の分母と同じで

$$\Delta = a_1 b_2 - a_2 b_1$$

である。このようにして連立方程式の解を導く方法を，クラメールの解法という。

Problem 3-2　つぎの連立方程式をクラメールの解法を用いて解け。

$2x + 7y = 81$

$3x - 5y = 13$

3-4-2 クラメールの解法を用いた3元1次連立方程式の解き方

つぎに示す3元1次連立方程式を，3-4-1項と同様にクラメールの解法を用いて解くことを考える。

$$\left.\begin{array}{l} a_1x + b_1y + c_1z = d_1 \\ a_2x + b_2y + c_2z = d_2 \\ a_3x + b_3y + c_3z = d_3 \end{array}\right\} \tag{3-15}$$

xについて解くと，つぎのようになる。

$$x = \frac{1}{\Delta}\begin{vmatrix} d_1 & b_1 & c_1 \\ d_2 & b_2 & c_2 \\ d_3 & b_3 & c_3 \end{vmatrix} \quad \left(ここで,\ \Delta = \begin{vmatrix} a_1 & b_1 & c_1 \\ a_2 & b_2 & c_2 \\ a_3 & b_3 & c_3 \end{vmatrix}\right) \tag{3-16}$$

なお，3行3列の行列式を計算するうえでの「符号の関係」は，下図のとおりである。

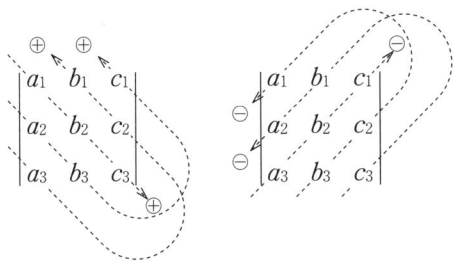

n元1次連立方程式においても2元，3元の場合と同様の考え方で解を求めることができるが，クラメールの解法は，4元以上の方程式では複雑となり，実用性は低くなる。

Problem 3-3　式 (3-8)～(3-10) より，クラメールの解法を用いて電流 I_1 を求めよ。

Problem 3-4　**Fig**. 3-4 において，電流 I_2 を求めよ。

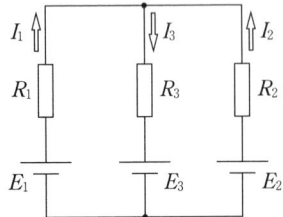

Fig. 3-4　Problem 3-4

Problem 3-5 Fig. 3-5において，電流 I_5 を求めよ．

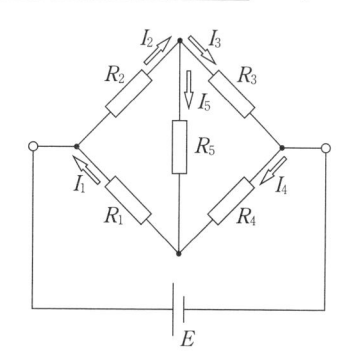

Fig. 3-5 Problem 3-5

Problem 3-6 Problem 3-5の結果から，$R_1 = 25\,\Omega$，$R_2 = 50\,\Omega$，$R_3 = 4\,\Omega$，$R_4 = 2\,\Omega$，$R_5 = 10\,\Omega$，$E = 20\,\mathrm{V}$ としたときの電流 I_5 の大きさを求めよ．

3-5 ホイートストンブリッジ回路

Problem 3-5中のFig. 3-5に示す回路を，**ホイートストンブリッジ回路**（Wheatstone bridge circuit）と呼ぶ．ホイートストンブリッジは，抵抗値の精密測定に使われることが多い．**Fig. 3-6** にもう一度回路図を示す．ここでは R_x，I_x を未知数とする．

いま，仮に $I_5 = 0$ となる条件が満たされたとする．$I_5 = 0$ であれば端子bとdは同じ電位となり，抵抗 R_5 を取り去っても回路の状態は変化しない．**Fig. 3-7** は $I_5 = 0$ のときの等価回路である．端子cの電位を基準として，端子bとdの電位 V_b，V_d を求めると以下のようになる．

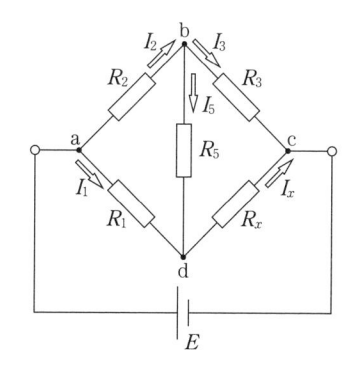

Fig. 3-6 ホイートストンブリッジ回路 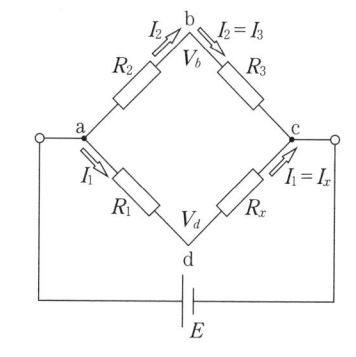　　**Fig. 3-7** $I_5 = 0$ のときの等価回路

$$V_b = \frac{R_3}{R_2 + R_3} E, \qquad V_d = \frac{R_x}{R_1 + R_x} E \tag{3-17}$$

いま，$V_b = V_d$ であるから

$$\frac{R_3}{R_2 + R_3} E = \frac{R_x}{R_1 + R_x} E \tag{3-18}$$

より

$$R_2 R_x = R_1 R_3 \tag{3-19}$$

が成立する。R_x を求める式に変形すると

$$ \tag{3-20}$$

となる。式 (3-20) は $R_1 \sim R_3$ が既知ならば，R_x が求められることを示している。

実際のホイートストンブリッジは，二つの抵抗値を固定して，一つの抵抗値を可変することによって $I_5 = 0$ の条件を探し出すようにしている。$I_5 = 0$ の状態をブリッジが**平衡**（balance）しているといい，その条件である式 (3-19) を**ブリッジの平衡条件**（condition for balance）という。固定した二つの抵抗値の比を倍率と呼び，実用的には倍率を用いて抵抗測定を行っている。倍率を $M(= R_1/R_2)$ とすると，式 (3-20) は以下のように表現可能である。

$$R_x = M R_3 \tag{3-21}$$

ホイートストンブリッジによる抵抗の精密測定は，倍率（いまの場合は R_1/R_2）を固定して，R_3 のみを可変しながら平衡条件を探すことによって行われる。

Exercises

Exercise 3-1 Fig. 3-A の回路をケルビンダブルブリッジと呼ぶ。検流計 G に電流が流れないとき（ブリッジが平衡しているとき），未知抵抗 R_x を $R_1 \sim R_6$ によって表せ。また，R_6 の値に無関係に平衡状態となるための条件を求めよ（ヒント：Δ-Y 変換を用いる）。

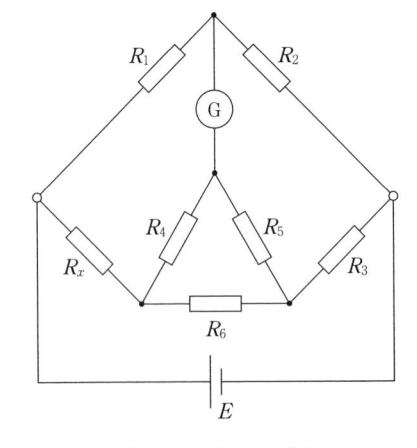

Fig. 3-A Execise 3-1

Execise 3-2 ケルビンダブルブリッジは，ホイートストンブリッジでは測定できないきわめて小さい抵抗値（10^{-8} Ω·m 程度）をも測定できる。Execise 3-1 の結果より，この理由を考察せよ。

Execise 3-3 **Fig**. 3-B の回路において，抵抗 R に流れる電流 I_3 の大きさを求めよ。

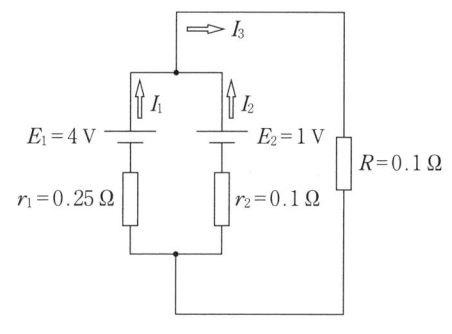

Fig. 3-B   Execise 3-3

Execise 3-4 **Fig**. 3-C の回路において，7 Ω の抵抗に流れる電流を求めよ。

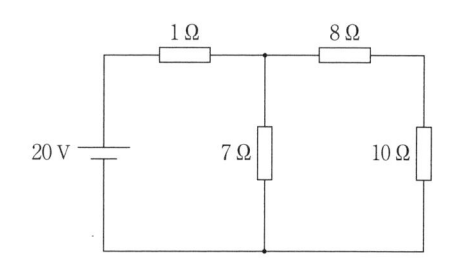

Fig. 3-C   Execise 3-4

Execise 3-5 **Fig**. 3-D の回路において，抵抗 R_5 に流れる電流を求めよ。

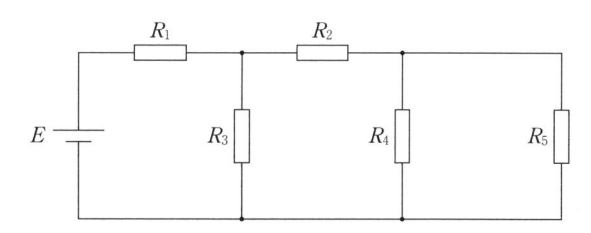

Fig. 3-D   Execise 3-5

Execise 3-6 **Fig**. 3-E の a-b 間に起電力 100 V の電池を接続した場合，c-d 間に流れる電流を求めよ。ただし，$R_1 = 5$ Ω，$R_2 = 15$ Ω，$R_3 = 3$ Ω，$R_4 = 9$ Ω，$R_5 = 10$ Ω とする。

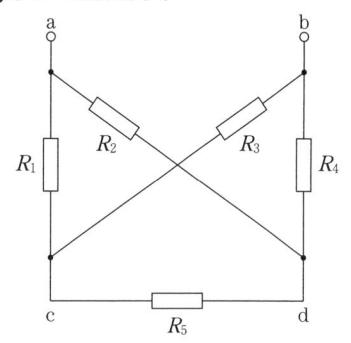

Fig. 3-E   Execise 3-6

4章 直流回路における諸定理

3章までの学習で、オームの法則、キルヒホッフの第1および第2法則を用いることにより、回路網の解析が行えるようになった。本書で取り扱っている電気回路素子の値は電圧、電流に対し、一定の値となるものであり（電圧と電流が比例関係にある）、このような性質を**線形性**（linearity）と呼ぶ。一部の例外を除いて、初歩の電気回路においては素子の線形性を仮定することになり、そのことによって、いくつかの回路に関する定理が成立する。本章では「重ね合わせの理」および「テブナンの定理」と呼ばれる回路の諸定理を学ぶ。

4-1 電流源と電圧源

ここで改めて「電源」について触れておく。

外部に接続される回路に関係なく、一定の電圧を供給する回路素子を**電圧源**（voltage source）と呼ぶ。乾電池などは電圧源に近いものであるといえるが、実際には接続する回路によって電圧値が多少変化するので、**内部抵抗**（internal resistance）r を含めて考える必要がある。

Fig. 4-1 に、内部抵抗 r を含む電圧源に負荷抵抗 R_L をつないだ回路を示す。負荷抵抗 R_L の両端に発生する電圧は、次式で示される。

$$V = E - rI \tag{4-1}$$

電流 I は

$$I = \frac{E}{r + R_L} \tag{4-2}$$

であり、これを式 (4-1) に代入すると

$$V = E - \frac{rE}{r + R_L} \tag{4-3}$$

が導き出せる。式 (4-3) は負荷抵抗 R_L の値によって、R_L の両端に発生する電圧 V の値が変化することを示している。仮に内部抵抗 $r=0$ であれば、電圧 V は R_L の値によらず一定となる。これを**理想電圧源**（ideal voltage source）と呼ぶ。また、電圧値がゼロの電圧源は

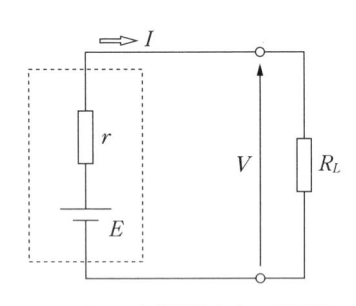

Fig. 4-1 内部抵抗をもつ電圧源

回路を短絡（ショート）しているのと等価である。

外部に接続される回路に関係なく，一定の電流を流す回路素子を**電流源**（current source）という（図記号は⊖）。電流源は，負荷としてどのような値の抵抗が接続されたとしても，一定の電流を流し続けるものであり，負荷の両端に発生する電圧は電流と抵抗値の積となる。実際の電流源は，**Fig. 4-2**のように内部抵抗rが並列に入っているものと考える。

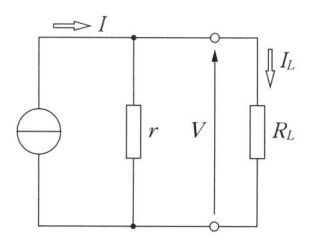

Fig. 4-2 内部抵抗をもつ電流源

負荷抵抗R_Lに流れる電流I_Lは，分流則を用いて，次式で示すことができる。

$$I_L = \frac{r}{r + R_L} I \tag{4-4}$$

いま，仮に内部抵抗$r = \infty$であれば，電流I_Lは

$$I_L = I \tag{4-5}$$

となり，I_LはR_Lの値によらず一定となる。これを**理想電流源**（ideal current source）と呼ぶ。また，電流値がゼロの電流源は回路を開放（オープン）しているのと等価である。

Problem 4-1 電流を5A流した場合の端子電圧が1V，3A流したときの端子電圧が1.2Vになる電池がある。この電池の内部抵抗の大きさを求めよ。

4-2 重ね合わせの理

3章において，キルヒホッフの法則は，オームの法則で解けない回路の解析に有効でかつ便利であると言及したが，電気回路のもつ性質である**重ね合わせの理**（principle of superposition）を用いて，オームの法則の知識で回路解析を行える場合がある。

重ね合わせの理は，以下のように表現することができる。「複数の電圧源，電流源が一つの電気回路に接続されている場合，各電源（電圧源，電流源）がそれぞれ単独で存在している状態で回路解析を行い，それぞれの結果の総和を求めることで全体の回路解析を行うことができる。ただし，ある一つの電源に対して回路解析を行う場合，他の電源については，電圧源の場合は短絡し，電流源の場合は開放して取り除く」。以下より，電気回路の抵抗および電圧に値を与え，数値による例題解析を行う。

Fig. 4-3は複数の電源を含む回路である。この回路の電流$I_1 \sim I_3$はキルヒホッフの法則を

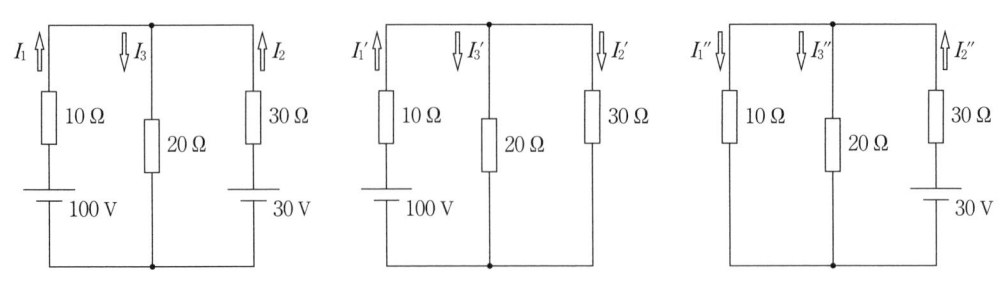

Fig. 4-3 直流回路の解析   **Fig. 4-4** 単独電源の場合（1）   **Fig. 4-5** 単独電源の場合（2）

用いて求めることができる。いま，別の観点で Fig. 4-3 の回路を考える。Fig. 4-3 は二つの電源を含む回路である。これを **Fig. 4-4**，**Fig. 4-5** のように単独の電源をもつ二つの回路に分解する。ただし，ここで単独電源となったことによる**電流の向きの変化**に気を付けること（具体的には，回路の分解により，I_2' および I_1'' の向きに変化が生じている）。Fig. 4-4, Fig. 4-5 の各回路を流れる電流はオームの法則を用いて解析可能である。

Fig. 4-4 において，回路の合成抵抗値 R' を求めると $R' = 22\,\Omega$ となる。各枝電流 $I_1' \sim I_3'$ はそれぞれ，オームの法則と分流則を用いて，$I_1' = 4.545\,\text{A}$，$I_2' = 1.818\,\text{A}$，$I_3' = 2.727\,\text{A}$ と求められる。Fig. 4-5 の回路では，合成抵抗 R'' は $36.7\,\Omega$ となる。同様に枝電流は，$I_1'' = 0.545\,\text{A}$，$I_2'' = 0.818\,\text{A}$，$I_3'' = 0.273\,\text{A}$ と求められる。

ここで，各枝電流の大きさと向きに注意しながら，Fig. 4-4 および Fig. 4-5 で求めた値の合成を行う。すなわち

$$I_1 = I_1' + (-I_1'') = 4.545 - 0.545 = 4\,\text{A}$$
$$I_2 = (-I_2') + I_2'' = -1.818 + 0.818 = -1\,\text{A}$$
$$I_3 = I_3' + I_3'' = 2.727 + 0.273 = 3\,\text{A}$$

となる。ここで，I_2 がマイナスの値をとるのは，**最初に定義した電流の方向に対して，反対方向に電流が流れていることを意味している**。上記の結果は，3 章で学んだキルヒホッフの法則を用いて求めた結果と一致する。この電気回路の性質を重ね合わせの理という。

重ね合わせの理は，**複数個の電源を含む回路の各枝電流は，単独電源の回路に分解して求めた各枝電流を合成**（和であるが，**電流の方向に注意**）**したものに等しい**，と理解できる。

重ね合わせの理は，キルヒホッフの法則よりも速く計算が終了することもあり，実用的解法として重宝される場合がある。

Problem 4-2 **Fig**. 4-6 の回路において，電流 $I_1 \sim I_3$ を，重ね合わせの理を用いて求めよ。

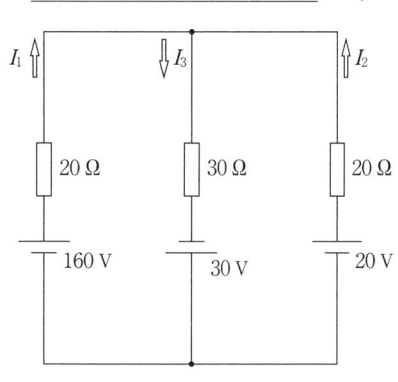

Fig. 4-6　Problem 4-2

4-3　テブナンの定理

　直流回路の性質を知るうえでつぎに重要なのは，**テブナンの定理**（Thevenin's theorem）である。テブナンの定理は応用範囲が広いことから，回路解析において非常に有効である。

　いま，**Fig**. 4-7 の回路において，負荷抵抗 R_L に流れる電流 I_L を求めてみる。これまで学んできた一般的な解析手順は以下のとおりである。

① まず，合成抵抗を求める。
② 電源から流出する電流を求める。
③ 分流則より負荷抵抗 R_L に流れる電流を計算する。

順を追って数式で記述すると，以下のようになる。

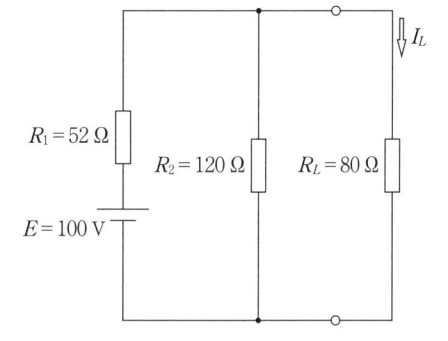

Fig. 4-7　直流回路の解析

$$R = R_1 + \frac{R_2 R_L}{R_2 + R_L} \tag{4-6}$$

$$I = \frac{E}{R} \tag{4-7}$$

$$I_L = \frac{R_2}{R_2 + R_L} I \tag{4-8}$$

Fig. 4-7 で与えられた数値を代入すると，$I_L = 0.6$ A となる。

　テブナンの定理の理解は，電気回路解析における「汎用性」を高めることになる。テブナンの定理は，**電気回路を内部抵抗 R_i をもつ電圧源 V_i に等価変換可能であることを示すものである**。**Fig**. 4-8（a）に内部抵抗 R_i をもつ電圧源 V_i を示す。この電源に負荷抵抗 R_L を接続したとき〔Fig. 4-8（b）〕，R_L に流れる電流 I_L は，テブナンの定理によって，次式で示す

4. 直流回路における諸定理

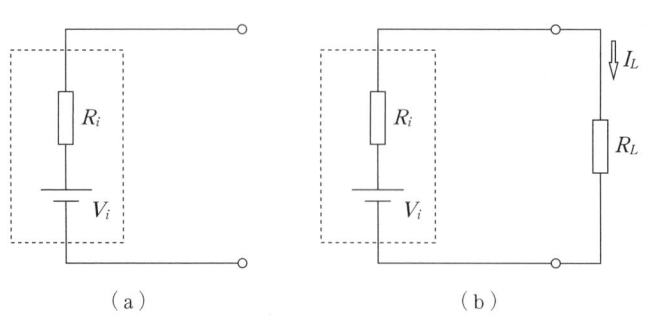

Fig. 4-8 テブナンの定理

ことができる。

$$I_L = \frac{V_i}{R_i + R_L} \tag{4-9}$$

この部分を V_i と R_i の等価電源に置き換える

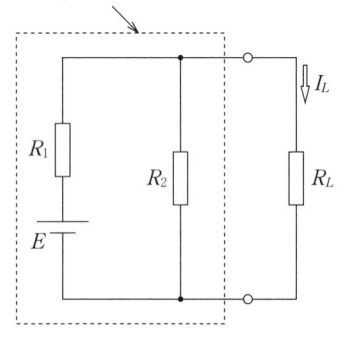

Fig. 4-9 等価電源への置き換え

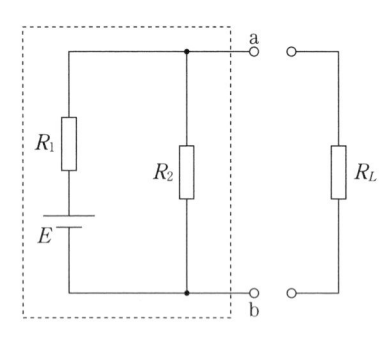

Fig. 4-10 負荷抵抗を切り離した回路

テブナンの定理による回路の解析は，**電気回路を内部抵抗 R_i をもつ電圧源 V_i に等価変換する**ことから始まる。Fig. 4-7 に示す回路を解析する場合は，**Fig. 4-9** に示すように，解析対象とする負荷抵抗 R_L 以外の破線で囲んだ部分を**等価電源**に置き換えることになる。

以下では，Fig. 4-9 を例にとって，テブナンの定理を用いた負荷抵抗 R_L に流れる電流 I_L の解析手順・方法を示していく。

① **解析の対象部分となる負荷抵抗 R_L を取り外す（電源と負荷を分離する）**

Fig. 4-10 に，切り離した後の回路図を示す。破線で囲まれた回路は電源を含み，他方の切り離された部分は電源を含まないことがわかる。切り離した端子をaおよびbとする。

② **R_i を求める**

等価電源の内部抵抗に相当する R_i を求める。R_i は端子a-b間から電源を含む回路を見たときの合成抵抗となる。合成抵抗を求める際は，**回路に電圧源がある場合はそれを短絡（ショート）し，回路に電流源がある場合はそれを開放（オープン）する**ことに注意する。

Fig. 4-10 において，端子a-b間から電源側を見たときの合成抵抗は，**Fig. 4-11** のように，電圧源を短絡して考える。合成抵抗 R_i は，次式のように表すことができる。

4-3 テブナンの定理

$$R_i = \frac{R_1 R_2}{R_1 + R_2} \tag{4-10}$$

③ V_i を求める

つぎに，等価電源の起電力部分に相当する電圧 V_i を求める。V_i は端子 a-b 間に現れる端子電圧のことである。**Fig**. 4-12 において，端子電圧 V_i は回路に流れる電流を I として次式のように示される。

$$V_i = R_2 I \tag{4-11}$$

キルヒホッフの第2法則より

$$E = R_1 I + R_2 I, \quad I = \frac{E}{R_1 + R_2} \tag{4-12}$$

となり，これを式 (4-11) に代入すると

$$V_i = \frac{R_2}{R_1 + R_2} E \tag{4-13}$$

を得る。式 (4-13) で示される電圧 V_i は，電源電圧 E を抵抗 R_1, R_2 で分圧したものとなっている。

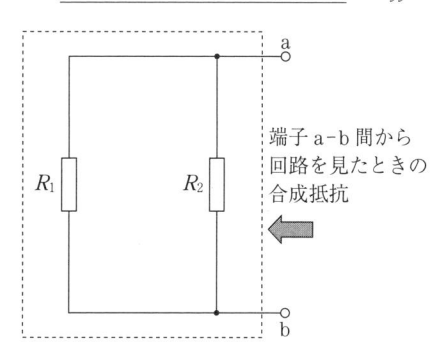

Fig. 4-11 R_i の求め方

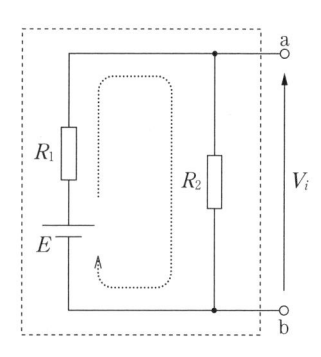

Fig. 4-12 V_i の求め方

④ テブナンの定理を適用する

上記②で求めた R_i，および③で求めた V_i を用いて，テブナンの定理により負荷に流れる電流 I_L を求めると

$$I_L = \frac{V_i}{R_i + R_L} = \frac{R_2}{R_1 R_2 + R_L(R_1 + R_2)} E \tag{4-14}$$

のようになる。Fig. 4-7 で与えられた数値を代入すると，$I_L = 0.6$ A が導き出され，式 (4-6)〜(4-8) で求めたオームの法則による解析結果と同様になる。

式 (4-14) は，**Fig**. 4-13 に示す回路を解析したものと等価であり，これを**テブナンの等価回路**と呼ぶことがある。

テブナンの定理は，めんどうで複雑なようにも見えるが，いったん等価電源を定めてしまうと，あとは簡単に負荷に流れる電流や他の枝電流なども計算可能となり，回路解析において非常に汎用性の高いものとなっている。なお，日本の工学者である鳳秀太郎が，テブナンの定理が交流回路解析にも適用可能であることを示したことから，テブナンの定理は鳳・テブナンの定理と呼ばれることもある。

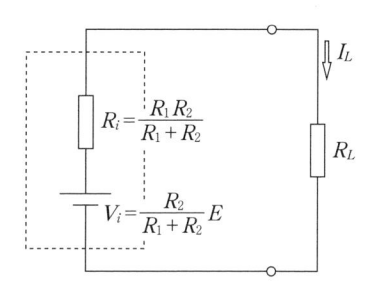

Fig. 4-13 テブナンの等価回路

4. 直流回路における諸定理

Problem 4-3　Fig. 4-14 の回路において，抵抗 R_L に流れる電流 I_L の大きさを，テブナンの定理を用いて求めよ。

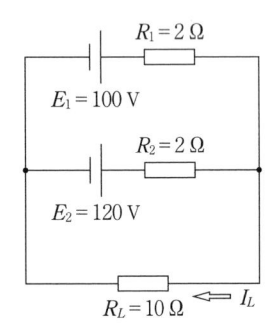

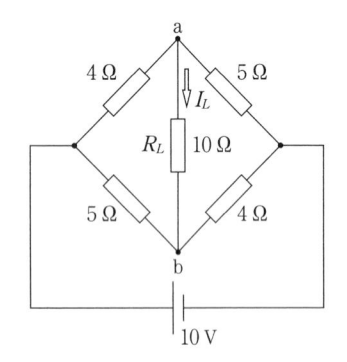

Fig. 4-14　Problem 4-3

Problem 4-4　Fig. 4-15 の回路において，抵抗 R_L に流れる電流 I_L を，テブナンの定理を用いて求めよ。

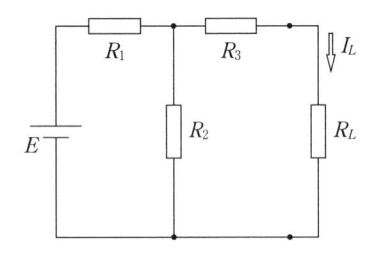

Fig. 4-15　Problem 4-4

Problem 4-5　Fig. 4-16 の回路において，抵抗 R_L に流れる電流 I_L の大きさを，テブナンの定理を用いて求めよ。

Fig. 4-16　Problem 4-5

Exercises

Exercise 4-1 Fig. 4-Aの回路において，以下の問いに答えよ。

（1）負荷抵抗 R_L に流れる電流 I_L の大きさを，重ね合わせの定理を用いて求めよ。

（2）負荷抵抗 R_L に流れる電流 I_L の大きさを，テブナンの定理を用いて求めよ。

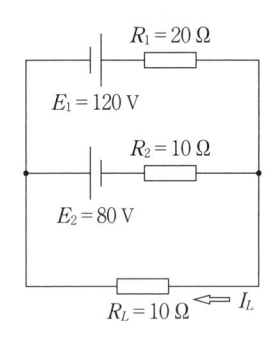

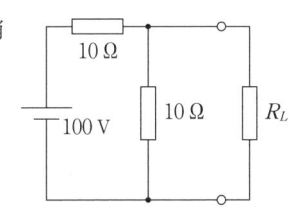

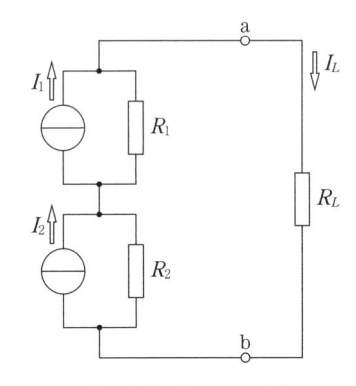

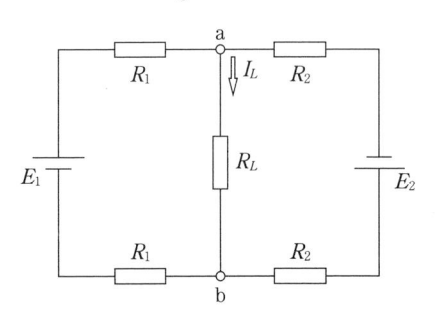

Fig. 4-A Exercise 4-1

Exercise 4-2 Fig. 4-B の回路において，負荷抵抗 R_L における消費電力を最大にする R_L の値と，そのときの電力（最大電力 P_{Lm}）を，テブナンの定理を用いて求めよ。

Fig. 4-B Exercise 4-2

Exercise 4-3 Fig. 4-C の回路において，負荷抵抗 R_L に流れる電流 I_L の大きさを，テブナンの定理を用いて求めよ。

Fig. 4-C Exercise 4-3

Exercise 4-4 Fig. 4-D の回路において，負荷抵抗 R_L に流れる電流 I_L を，テブナンの定理を用いて求めよ。また，$I_L = 0$ となる回路の条件を示せ。

Fig. 4-D Exercise 4-4

4. 直流回路における諸定理

Exercise 4-5 **Fig. 4-E** の回路において，負荷抵抗 R_L に流れる電流を，テブナンの定理を用いて求めよ。

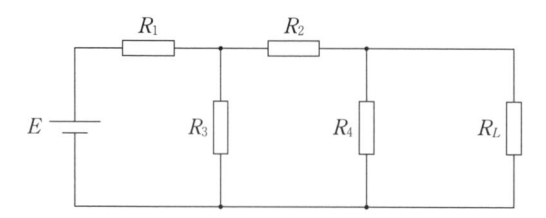

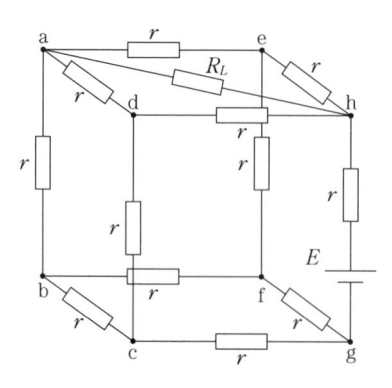

Fig. 4-E Exercise 4-5

Exercise 4-6 **Fig. 4-F** の回路において，負荷抵抗 R_L に流れる電流を，テブナンの定理を用いて求めよ。ただし，$R_1 = 3\,\Omega$, $R_2 = 5\,\Omega$, $R_3 = 6\,\Omega$, $R_4 = 2\,\Omega$, $R_L = 10\,\Omega$, $E = 100\,\text{V}$ とする。

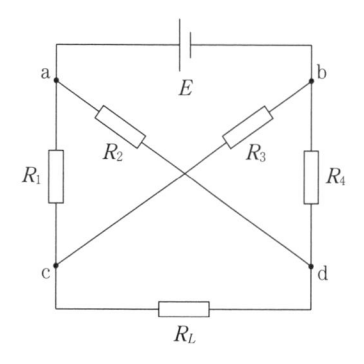

Fig. 4-F Exercise 4-6

Exercise 4-7 **Fig. 4-G** のように，立方体の頂点間に同じ抵抗値 r の抵抗を接続し，a-h 間に抵抗値 R_L の負荷抵抗，h-g 間の抵抗に直列に起電力 E の電池を接続した。負荷抵抗に流れる電流を，テブナンの定理を用いて求めよ（ヒント：Exercise 1-10 参照）。

Fig. 4-G Exercise 4-7

5章 交流回路

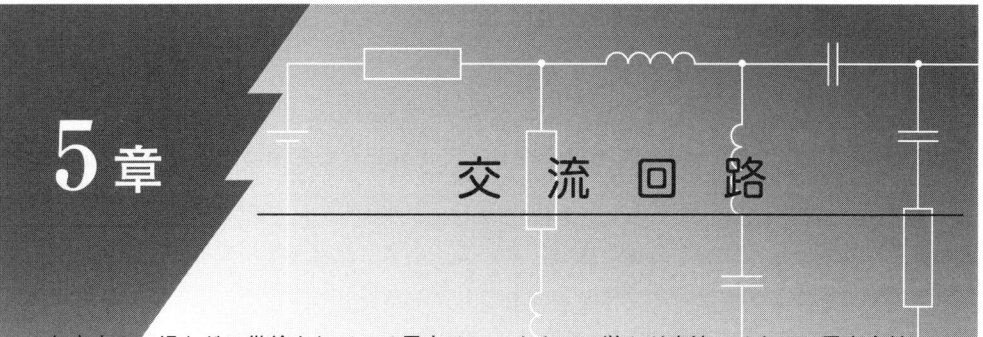

各家庭や工場などに供給されている電力は，いままでに学んだ直流ではない。電力会社から供給される電力は交流であり，電気系のエンジニアを目指すには交流回路に関する知識が不可欠となる。また，通信，放送においても搬送波として正弦波交流が使用されている事実がある。交流は時間とともに電流の大きさと方向が変化するため，交流回路の解析には直流とは異なった手法が必要となる。本章では交流の表記方法，基本的な交流回路の解析方法などについて学ぶ。

5-1 正弦波交流

交流は時間とともに変化するので，一般に**波形**（waveform）の概念をもち込んで考察する場合が多い。交流波形にはいろいろ考えられるが，そのなかで最も利用されているのは正弦波交流である。ここでは正弦波交流の数学的な取扱いについて述べる。

Fig. 5-1（a）に示すように，直流は電流の流れる向きに変化がない。一方，Fig. 5-1（b）の電流は大きさも向きも周期的に変化している。このような電流を**交流電流**（alternating

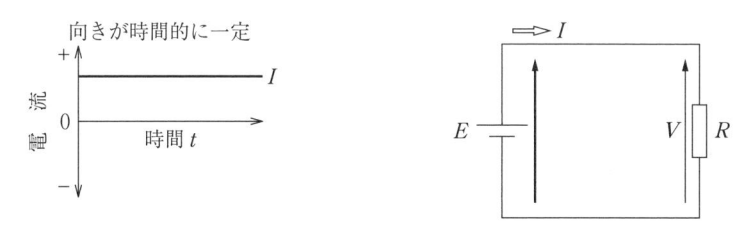

(a) 直流回路

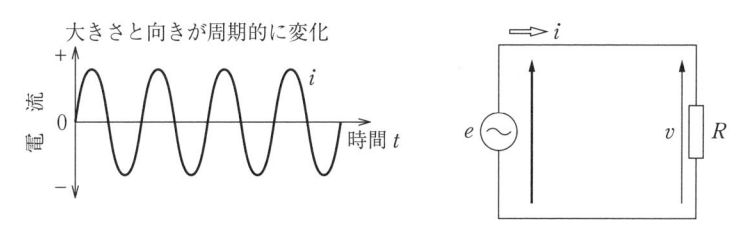

(b) 交流回路

Fig. 5-1 直流回路と交流回路

5. 交流回路

current, AC）と呼び，また，Fig. 5-1（b）の例では波形が正弦曲線であることから，**正弦波交流**（sine wave AC）と呼ぶ。

Fig. 5-1（b）には交流回路の例も併せて示す。交流起電力を e〔V〕，交流電流は i〔A〕，交流電圧は v〔V〕で表している。図中の矢印は，それぞれの基準の向きである。直流回路では記号を大文字で表していたが，交流では小文字で表す習慣となっている（**時間的に大きさが変化する電圧，電流などを扱う場合において，小文字記号を採用する。直流でも時間的に大きさが変化する場合は，小文字を用いることがある**）。

5-1-1 正弦波交流発生の原理

正弦波交流発生の原理は，磁界中に置かれた回転するコイルとフレミングの右手の法則を考えることで説明できるが，ここでは詳しくは触れない。Problem 5-1 による自主学習を推奨する。

5-1-2 正弦波交流の角速度

Fig. 5-2 に示すように，点 P が点 O を中心とする円周上を運動している。いま，単位時間に点 P が点 P′ に到達したとする。このとき点 P が回転した角度を**角速度**（angular velocity）という。角速度は通常 ω〔rad/s〕で記される。Fig. 5-2 の場合の角 XOP′ が角速度に相当する。点 P の単位時間当りの回転数を f とすると，角速度 ω は

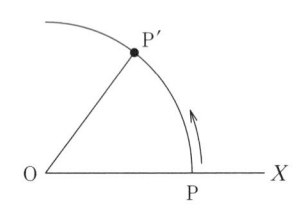

$$\quad\quad\quad\quad\quad\quad\quad\quad\quad\quad\quad\quad \tag{5-1}$$

Fig. 5-2 角速度

と示される。

Problem 5-1 正弦波交流発生の原理について各自調べよ。

Problem 5-2 回転の周期が 1/10 秒のコイルがある。角速度はいくらか求めよ。

5-1-3 正弦波交流の角周波数

Fig. 5-2 において，点 P が t 秒間に回転した角度を θ とすると，ω と θ はつぎの関係で結び付けられる。

$$$$ (5-2)

点 P が単位時間当りに f 回転すると，同じような状態が単位時間当りに f 回繰り返させられることになる。電気電子工学の世界では，このfを一般に**周波数**（frequency）と呼ぶ。周波数の単位には Hz（Hertz）が用いられる。角速度 ω を正弦波交流の**角周波数**（angular frequency）ともいう。

5-1-4 正弦波交流の表記方法

ここでは，時々刻々変化する交流を表現するために考えられた方法について述べる。

一般に，交流起電力 e〔V〕は，**Fig. 5-3** に表されるような波形であり，つぎのように表記できる。

$$e = E_m \sin \omega t \qquad (\omega t = \theta) \tag{5-3}$$

ここで，E_m は電圧の**最大値**（peak value）である。電流 i〔A〕も最大値を I_m として同様の表現が可能である。すなわち，次式のようになる。

$$$$ (5-4)

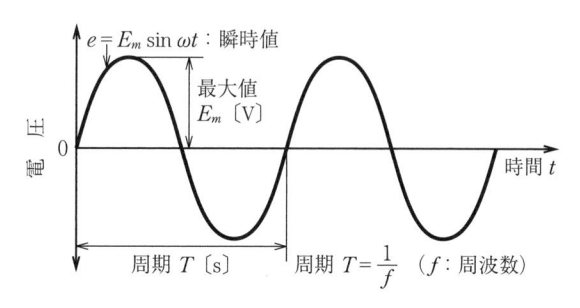

Fig. 5-3 交流起電力

式 (5-3)，(5-4) の交流起電力 e および交流電流 i は，時々刻々変化しており，それぞれの任意の時刻 t における値を表していることになり，**瞬時値**（instantaneous value）と呼ばれる。また，式 (5-3)，(5-4) のような表記を**瞬時値表示**という。式 (5-3)，(5-4) の E_m および I_m はそれぞれの最大値であるが，**振幅**（amplitude）と表現することもある。E_m および I_m は，**時間的に変動のない量であるため，大文字**で表している。

Fig. 5-3 に示すように，交流は時間とともに変化しているが，時間 T ごとに同じ変化を繰

り返している。この繰返し時間 T を交流の**周期**（period）と呼ぶ。周波数 f の交流では1秒間に同じ波形を f 回繰り返すことになるので，1回当りの繰返し時間は周波数の逆数で示すことができる。すなわち

$$T = \frac{1}{f} \tag{5-5}$$

が成立する。

私たちの家庭に供給されている電源の周波数は，**商用周波数**（commercial frequency）と呼ばれる。日本では，静岡県の富士川以東は 50 Hz，以西では 60 Hz となっている。

Problem 5-3 関西における商用周波数の周期を求めよ。

Problem 5-4 なぜ，日本では 50 Hz と 60 Hz の二つの商用周波数が存在するのか，調べてみよ。

5-1-5 正弦波交流の平均値

交流起電力 e の平均値を波形の1周期において求めると，ゼロになる。これは正弦波交流が，正負同じ振幅・周期を繰り返すことから容易に想像できる。一般に正弦波交流の**平均値**（mean value）は半周期において求められる。

$e = E_m \sin \omega t$ の交流電圧の平均値 E_a は，その周期を T として次式で表すことができる。

$$E_a = \frac{2}{T} \int_0^{T/2} E_m \sin \omega t \, dt \tag{5-6}$$

これを解くと，正弦波交流の平均値として

$$E_a = \frac{2}{\pi} E_m \approx 0.637 E_m \tag{5-7}$$

が得られる。

Problem 5-5 式 (5-6) を解き，式 (5-7) の結果を導き出せ。

Problem 5-6 平均値 100 V の交流起電力の最大値はいくらか求めよ。

5-1-6 正弦波交流の実効値

直流起電力に抵抗 R を接続すると，ジュール熱が発生することは前に学んだ（I^2R のこと。2-2 節参照）。これと同様に，交流起電力に抵抗 R を接続してもジュール熱は発生する。ジュール熱は，流れる電流の 2 乗と抵抗 R の積で表されることになるが，数値計算上，交流の場合の電流値には何を用いればよいのであろうか。最大値でもなく，平均値でもない。**実効値**（effective value）を用いる。実効値とは，名称のとおり，実効的な値のことである。交流の実効値は，瞬時値の 2 乗を 1 周期にわたって積分し，その平方根（root mean square, rms 値）として表される（**2 乗平均値**という）。

交流起電力 e の実効値 E と最大値 E_m との関係は，次式で表される。

$$E = \frac{1}{\sqrt{2}} E_m, \qquad E_m = \sqrt{2}\, E \tag{5-8}$$

交流電圧，電流の大きさを表す際には一般に実効値が用いられる（実効値も最大値と同様に時間変動する量ではなく大文字表記となる）。正弦波交流の起電力と電流を式 (5-8) より実効値で表現すると，つぎのようになる。

$$e = \sqrt{2}\, E \sin \omega t \tag{5-9}$$

$$i = \boxed{} \tag{5-10}$$

私たちの家庭で使用している交流の電圧は 100 V である。この 100 V は実効値を示している。したがって，家庭には最大値が 141 V になる正弦波交流電圧が届いていることになる。

Problem 5-7 正弦波交流起電力において，最大値 E_m と実効値 E との関係が $E_m = \sqrt{2}\, E$ となることを証明せよ。

5. 交流回路

5-1-7 正弦波交流の位相と位相差

Fig. 5-4 に三つの交流起電力 $e_1 \sim e_3$ を示す。それぞれの波形は時間的にずれが生じている。いま，e_1 を基準に考えた場合，三つの波形はそれぞれ次式で表すことができる。

$$e_1 = E_m \sin \omega t \tag{5-11}$$

$$e_2 = \boxed{} \tag{5-12}$$

$$e_3 = \boxed{} \tag{5-13}$$

ここで，ωt, $\omega t + \theta_2$, $\omega t - \theta_3$ を，$e_1 \sim e_3$ それぞれの**位相**（phase）という。$e_1 \sim e_3$ それぞれの $t=0$ のときの位相は，0, θ_2, $-\theta_3$ であり，これを**初期位相**（initial phase）と呼ぶ。また，位相を角度で見るとき**位相角**（phase angle）と表現する。

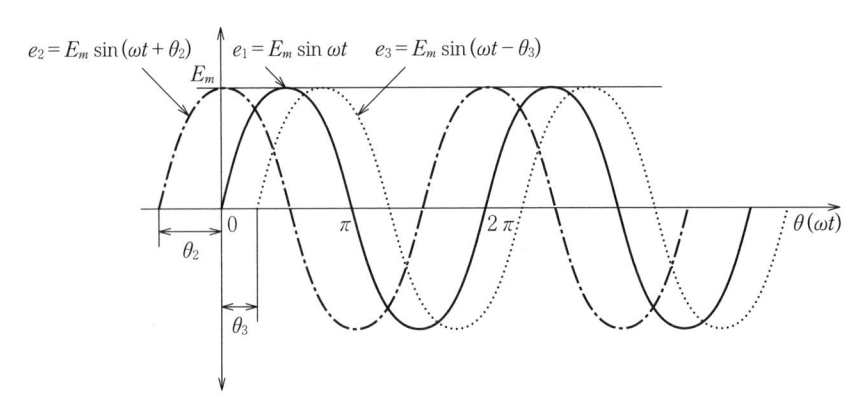

Fig. 5-4 交流起電力の位相差

Fig. 5-4 においては，e_2 は e_1 より位相が θ_2 進んでいるといい，e_3 は e_1 より位相が θ_3 遅れていると表現する。

二つの交流起電力の位相の差を**位相差**（phase difference）という。Fig. 5-4 の e_2 の位相が e_1 に対してどの程度進んでいるか，あるいは遅れているかを調べるには，位相差を求めればよい。e_2 の位相角から e_1 の位相角を引いた結果が正になれば，e_2 は e_1 より位相が進んでおり，負であれば遅れていることになる。いま，この例では起電力をあげたが，もちろん電流についてもすべて同じことが当てはまる。

Problem 5-8 以下の i_1, i_2 で表される正弦波交流電流において，i_1 は i_2 に比べてどれだけ位相が進んでいるか，または遅れているか。

（1） $i_1 = I_m \sin(\omega t)$, $i_2 = I_m \sin\left(\omega t + \dfrac{\pi}{2}\right)$

（2） $i_1 = I_m \sin\left(\omega t - \dfrac{\pi}{4}\right)$, $\quad i_2 = I_m \sin\left(\omega t + \dfrac{\pi}{3}\right)$

（3） $i_1 = I_m \sin\left(\omega t + \dfrac{\pi}{6}\right)$, $\quad i_2 = I_m \sin\left(\omega t - \dfrac{\pi}{3}\right)$

Problem 5-9 いま，時刻 t〔s〕における電圧 $e(t)$〔V〕の値が
$$e(t) = 100 \sin\left(20\pi t + \dfrac{\pi}{3}\right)$$
と瞬時値表示される起電力がある。この起電力の実効値，最大値，初期位相，周波数を求めよ。

5-2　交流におけるオームの法則とキルヒホッフの法則

　抵抗回路に交流起電力を加えた場合を考える。交流は時間的に振幅や極性が変化するので，抵抗で発生する電圧降下，ならびに流れる電流の方向も当然時間とともに変化することになる。各時刻における電圧 $v(t)$ および電流 $i(t)$ の瞬時値を測定し，次式のような演算を行うとする。

$$i(t) = \dfrac{v(t)}{R} \tag{5-14}$$

　この演算による値はつねに一定となる。式 (5-14) は交流においてもオームの法則が成立することを示している。同様に，キルヒホッフの第1，第2法則についても直流と同様の法則が得られる。

5-3　回　路　素　子

　電気回路における線形素子の代表的なものは，すでに述べた電気抵抗である。交流回路においては，インダクタおよびキャパシタ（1-9節参照）の存在が，電流の大きさや位相を変化させる。これは交流起電力が時間的に変化することに起因している。ここでは，インダクタおよびキャパシタについて述べ，それらの交流回路における働きについて考えてみる。

5. 交流回路

5-3-1 インダクタ

Fig. 5-5 のように導線をコイル状に巻き，そのなかに棒磁石を近づけたり遠ざけたりすると，コイルの両端に電位差が生じ，起電力が発生する。磁石を静止したままであれば，起電力は生じない。逆に磁石を静止して，コイルを動かした場合も同様に起電力が発生する（**ファラデーの法則**）。現象論的に考えると，**磁石から出る磁力線（磁束）のコイル内における時間変化が関係していると推測できる**。実際に，磁石やコイルの出し入れが時間的に速いほど，また磁界が強いほど，起電力は大きくなる。

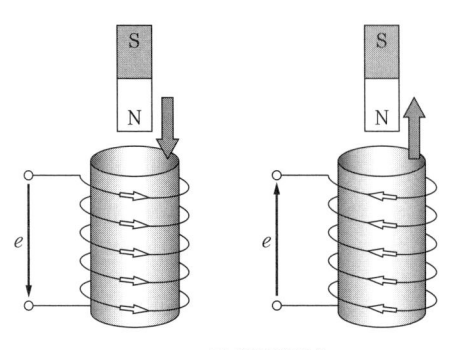

Fig. 5-5 電磁誘導現象

このように磁界の変化によって導体に起電力が生じる現象を，**電磁誘導**（electromagnetic induction）と呼び，生じた起電力を**誘導起電力**（induced electromotive force）という。

交流は時間的に電圧，電流が変化するので，電気回路における交流とコイルには密接な関係が生じる。いま，コイルに **Fig**. 5-6 に示すように交流起電力 e を加えると，コイルの両端には電流変化（磁束変化）に起因した誘導起電力 v が発生する。これを**自己誘導**（self-induction）という。

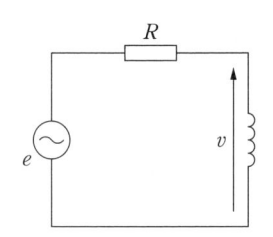

Fig. 5-6 コイルの両端に発生する電圧

誘導起電力の向きは，コイルに流れる電流の変化を打ち消す方向となる（レンツの法則）。

誘導起電力 v は，比例定数を L として次式のように示すことができる。

$$v(t) = L\frac{di(t)}{dt} \tag{5-15}$$

比例定数 L は，**自己インダクタンス**（self-inductance）または単に**インダクタンス**と呼ばれる。L の単位には H（ヘンリー）（Henry）を用いる。

このように，コイルは誘導起電力を生じるので，電気回路においては**インダクタ**とも呼ばれる。インダクタが存在する回路の電流は，誘導起電力に逆らって流れることになる。したがって，インダクタは電気抵抗のように電流の流れを制限する働きをもつ。

5-3-2 キャパシタ

Fig. 5-7 に，直流回路および交流回路に直列接続した**キャパシタ**（コンデンサ）と電球を示す。直流電源の場合，電球は一瞬点灯するが，キャパシタが電荷を蓄え終わると電流が流れなくなるので，電球は消灯する。一方，交流電源の場合は，電圧の大きさと向きが時間的

に変化するため，電荷が電源とキャパシタの間を絶えず移動することになり，交流電流が流れ，電球が点灯することになる。現象論的にいうと，電源の周波数が大きいほど，電流は流れやすくなる。これは5-3-1項で説明したインダクタとは対照的である。

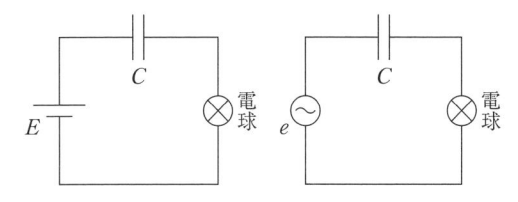

Fig. 5-7 キャパシタを接続した直流および交流回路

キャパシタンス（電気容量）Cのキャパシタに蓄えられる電荷qは，次式で示すことができる（qは電位に比例する，キャパシタンスCは比例定数）。

$$q(t) = Cv(t) \tag{5-16}$$

ここで，vはキャパシタの両端に発生する電圧である。キャパシタンスCの単位にはF（ファラッド）(Farad) が用いられる。

電流iは

$$i(t) = \frac{dq(t)}{dt} \tag{5-17}$$

であり，式 (5-16) との関係から

$$\tag{5-18}$$

の関係を得ることができる。

5-4 インダクタンスおよびキャパシタンス

5-3-1項および5-3-2項でインダクタンスとキャパシタンスを説明したが，ここでは回路素子としての一般的な定義を示す。個々の特性などは，電磁気学などのテキストで自主学習すること。

Fig. 5-8 の回路において，自己インダクタンスがLのインダクタは，端子電圧$v(t)$，電流$i(t)$の間に，以下のいずれかの関係をもつ回路素子として定義することができる。

$$v(t) = \tag{5-19}$$

$$i(t) = \tag{5-20}$$

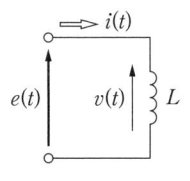

Fig. 5-8 インダクタ

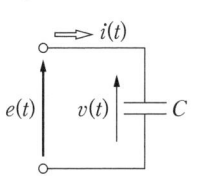

また，キャパシタンスがCのキャパシタは，端子電圧，電流の間に，以下の関係をもつ回路素子として定義される（**Fig. 5-9**）。

Fig. 5-9 キャパシタ

5. 交 流 回 路

$$v(t) = \quad\quad\quad\quad\quad\quad\quad\quad\quad\quad\quad\quad\quad\quad\quad\quad\quad\quad \text{(5-21)}$$

$$i(t) = \quad\quad\quad\quad\quad\quad\quad\quad\quad\quad\quad\quad\quad\quad\quad\quad\quad\quad \text{(5-22)}$$

なお，**Table** 5-1 に各回路素子の基本式をまとめた。

Table 5-1　回路素子の基本式

素 子	基 本 式	
	電 圧	電 流
抵 抗	$v(t) = Ri(t)$	$i(t) = \dfrac{1}{R}v(t)$
インダクタ	$v(t) = L\dfrac{di(t)}{dt}$	$i(t) = \dfrac{1}{L}\int v(t)dt$
キャパシタ	$v(t) = \dfrac{1}{C}\int i(t)dt$	$i(t) = C\dfrac{dv(t)}{dt}$

Problem 5-10　**Fig**. 5-10 に示す三つの回路の回路方程式を，キルヒホッフの法則を用いて示せ。

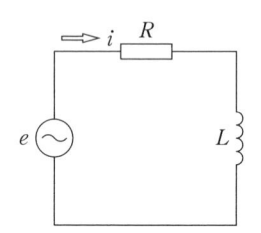

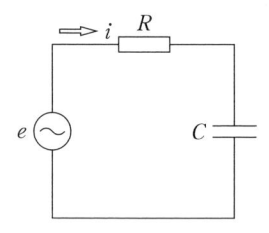

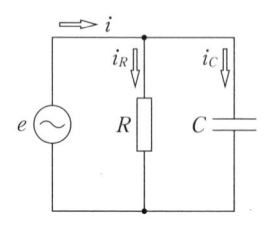

Fig. 5-10　Problem 5-10

5-5 インダクタンスのみの交流回路

Fig. 5-11 に示す回路において，$e(t)=\sqrt{2}\,E\sin\omega t$ の交流起電力が加えられたとする。インダクタンス L のインダクタに加わる電圧は $e(t)$ に等しいので

$$L\frac{di(t)}{dt}=e(t)=\sqrt{2}\,E\sin\omega t \tag{5-23}$$

となる。したがって，電流 $i(t)$ は，Table 5-1 を参照して

$$i(t)=\frac{1}{L}\int e(t)dt=\frac{1}{L}\int\sqrt{2}\,E\sin\omega t\,dt \tag{5-24}$$

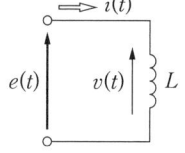

Fig. 5-11 インダクタンスのみの回路

で示される。この積分を実行すると

$$\tag{5-25}$$

となる。ここで，積分定数はゼロとして扱った†。

式 (5-25) を，三角関数の公式を用いて sin で表せば

$$i(t)=\frac{\sqrt{2}\,E}{\omega L}\sin\left(\omega t-\frac{\pi}{2}\right) \tag{5-26}$$

となる。加えた電圧 $e(t)$ と比較すると，電流は電圧より $\pi/2$（＝90°）だけ位相が遅れているのがわかる。また，式 (5-26) から電流の実効値 I が

$$\tag{5-27}$$

で求められることに気付くであろう。式を電圧 E と電流 I の比の形に変形すると

$$\frac{E}{I}=\omega L\equiv X_L \tag{5-28}$$

と表すことができる。式 (5-28) より，角周波数 ω と自己インダクタンス L の積 ωL は，オームの法則から考えて，直流回路でいう抵抗と等価な量になっていることがわかる。したがって，インダクタンスのみの交流回路においては ωL の大きさが電流の流れを妨げるように働くことになる。この ωL を**誘導リアクタンス**（inductive reactance）と呼び，記号 X_L で表す。誘導リアクタンスの単位は抵抗と同様に Ω となる。

一般に交流回路では，回路に加える電圧の実効値 E と回路に流れる電流の実効値 I の比を記号 Z で表すことが多い。

$$Z=\frac{E}{I} \tag{5-29}$$

---

† 交流回路では無条件に積分定数をゼロとしてよい。ただし，あとで学ぶ電気回路の過渡現象を扱う場合には，積分定数をゼロとして考えてはならない。

48　5. 交流回路

Z はインピーダンス (impedance) と呼ばれ，交流回路において電流の流れを妨げる量となる。インピーダンスは，この例で示したインダクタンスのみではなく，**電気抵抗および，あとで述べるキャパシタンスを加えた量として表すのが一般的**である。

Problem 5-11　自己インダクタンスが 20 mH のインダクタに，実効値 100 V，50 Hz の正弦波電圧を加えた。誘導リアクタンスおよび流れる電流の実効値の大きさを求めよ。

5-6　キャパシタンスのみの交流回路

Fig. 5-12 に示す回路を用い，キャパシタに $e(t) = \sqrt{2}\, E \sin \omega t$ の交流電圧が加えられた場合について解析する。キャパシタンス C のキャパシタに加わる電圧は $e(t)$ に等しいので

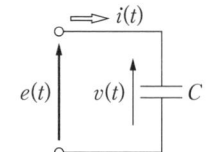

$$\frac{1}{C}\int i(t)\,dt = e(t) = \sqrt{2}\, E \sin \omega t \tag{5-30}$$

Fig. 5-12　キャパシタンスのみの回路

と表すことができる。式 (5-30) の両辺を微分すると，C に流れる電流 $i(t)$ を

$$i(t) = C\frac{de(t)}{dt} = C\frac{d}{dt}\left(\sqrt{2}\, E \sin \omega t\right) \tag{5-31}$$

と示すことができる。式 (5-31) の微分を実行すると

$$\tag{5-32}$$

の解が得られる。式 (5-32) を変形して sin の形で表記すると

$$\tag{5-33}$$

となる。電流は電圧より $\pi/2$（$=90°$）だけ位相が進んでいるのがわかる。また，式 (5-33) から電流の実効値 I を求めることができる。

$$I = \omega C E \tag{5-34}$$

インピーダンス Z は

$$Z = \frac{E}{I} = \frac{1}{\omega C} \equiv X_C \tag{5-35}$$

となる。したがって，角周波数とキャパシタンスの積の逆数が電流の流れを妨げるように働

くことになる。この $1/(\omega C)$ を**容量リアクタンス**（capacitive reactance）と呼び，X_C で表す。単位は誘導リアクタンスおよび抵抗と同様に Ω である。

Problem 5-12 キャパシタンスが 20 μF のキャパシタに実効値 100 V，50 Hz の正弦波電圧を加えた。容量リアクタンス，および流れる電流の大きさを求めよ。

5-7 電気抵抗のみの交流回路

Fig. 5-13 の回路において，$e(t) = \sqrt{2}\, E \sin \omega t$ の交流電圧が加えられたとする。オームの法則 $e(t)/R$ を用いて，流れる電流 $i(t)$ を求めると

$$i = \frac{e}{R} = \frac{\sqrt{2}\, E}{R} \sin \omega t \tag{5-36}$$

となる。したがって，抵抗回路においては電圧と電流が同相になることがわかる。

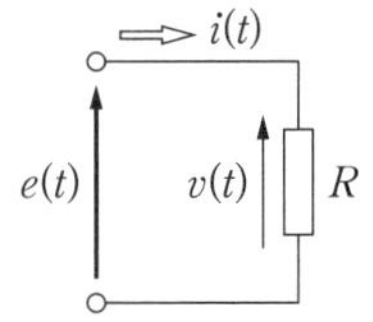

Fig. 5-13 抵抗回路

5-8 実際の交流回路

実際の交流回路はインダクタのみ，あるいはキャパシタのみの回路というのはありえない。電気抵抗，インダクタ，キャパシタが混在している場合が多い。直流回路と異なり，電流の流れを妨げる要因が増えるため，回路解析は多少複雑にもなる。

一般に交流回路に流れる電流の位相は，5-5 節および 5-6 節で示したように，加えられた電圧の位相と一致しない。したがって，5-5 節で定義したインピーダンスは，抵抗値，誘導リアクタンス値，容量リアクタンス値などの単純な和で求めることができない。交流回路解析においては，電圧，電流などが大きさと方向（位相）をもっていることを強く意識しておく必要がある。

5-8-1　R-L 直列回路

Fig. 5-14 に示す R-L 直列回路を考える。回路の方程式はキルヒホッフの第 2 法則より

$$v_R + v_L = e \tag{5-37}$$

となる。v_R および v_L にそれぞれの電圧降下の式を代入して

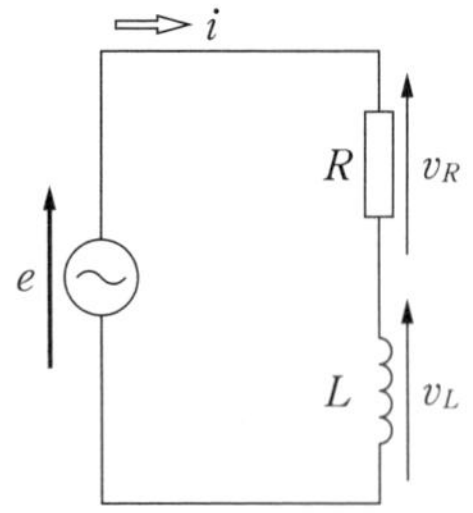

5. 交流回路

Fig. 5-14 R–L 直列回路

$$Ri + L\frac{di}{dt} = e \tag{5-38}$$

を得る．いま，回路に流れる電流を

$$i = I_m \sin \omega t$$

と仮定する（**直列回路では電流が共通であるため**）．これを式 (5-38) に代入すると

$$e = RI_m \sin \omega t + \omega L I_m \cos \omega t \tag{5-39}$$

が得られる．式 (5-39) を

$$A\sin\alpha + B\cos\alpha = \sqrt{A^2+B^2}\sin(\alpha+\beta), \qquad \beta = \tan^{-1}\left(\frac{B}{A}\right)$$

の関係（Problem 5-13 参照）を用いて整理すると

$$\left.\begin{array}{l} e = \sqrt{R^2+(\omega L)^2}\, I_m \sin(\omega t + \phi) \\[2pt] = ZI_m \sin(\omega t + \phi) = E_m \sin(\omega t + \phi) \\[2pt] \phi = \tan^{-1}\left(\dfrac{\omega L}{R}\right) \end{array}\right\} \tag{5-40}$$

を得ることができる．ただし

$$E_m = ZI_m$$
$$Z = \sqrt{R^2+(\omega L)^2} = \sqrt{R^2+X_L^2} \quad (\text{インピーダンス})$$
$$X_L = \omega L \quad (\text{誘導リアクタンス})$$
$$0 < \phi < \frac{\pi}{2}$$

である．式 (5-40) より，電圧 e は電流 i より位相が ϕ だけ進んでいることがわかる（電流 i は電圧 e より位相が ϕ だけ遅れている）．インダクタンスのみを含む回路では，電圧と電流の位相差が $\pi/2$ であり，抵抗のみでは位相差ゼロであったが，R–L 直列回路ではそれらの中間の値をとることになる．また，回路のインピーダンス Z は，抵抗 R と誘導リアクタンス ωL の 2 乗の和の平方根で表されることがわかる．**交流回路の解析にはインピーダンス Z と位相角 ϕ を知ることがきわめて重要**となる．

この R–L 直列回路において，加える電圧を $e = E_m \sin \omega t$ として同様の解析をすれば，流れる電流 i は $i = I_m \sin(\omega t - \phi)$ となる．

Problem 5-13

$$A\sin\alpha + B\cos\alpha = \sqrt{A^2+B^2}\sin(\alpha+\beta), \qquad \beta = \tan^{-1}\left(\frac{B}{A}\right)$$

であることを証明せよ．

Problem 5-14 $R\text{-}C$ 直列回路において，流れる電流を $i = I_m \sin \omega t$ とした場合，電圧，電流，インピーダンスの関係において以下の解が得られることを証明せよ．

$$e = \sqrt{R^2 + \left(\frac{1}{\omega C}\right)^2} I_m \sin(\omega t - \phi) = ZI_m \sin(\omega t - \phi) = E_m \sin(\omega t - \phi)$$

$$\phi = \tan^{-1}\left(\frac{1}{\omega CR}\right) \quad \left(0 < \phi < \frac{\pi}{2}\right)$$

$$Z = \sqrt{R^2 + \left(\frac{1}{\omega C}\right)^2} = \sqrt{R^2 + X_C^2} \quad (\text{インピーダンス})$$

$$X_C = \frac{1}{\omega C} \quad (\text{容量リアクタンス})$$

5-8-2 $R\text{-}C$ 並列回路

Fig. 5-15 に $R\text{-}C$ 並列回路を示す．キルヒホッフの第1法則を適用すると

$$i = i_R + i_C \tag{5-41}$$

が得られる．変形すると

$$i = \frac{e}{R} + C \frac{de}{dt} \tag{5-42}$$

となる．**並列回路においては電圧が共通であり**

$$e = E_m \sin \omega t \tag{5-43}$$

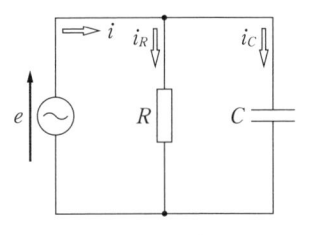

Fig. 5-15 $R\text{-}C$ 並列回路

で仮定される電圧が加わるものとする．式 (5-42) を解けば

$$i = \frac{E_m}{R} \sin \omega t + \omega C E_m \cos \omega t = \sqrt{\left(\frac{1}{R}\right)^2 + (\omega C)^2} \, E_m \sin(\omega t + \phi)$$

$$= I_m \sin(\omega t + \phi) \tag{5-44}$$

を得ることができる．ここで，ϕ は

$$\phi = \tan^{-1} \omega CR \quad \left(0 < \phi < \frac{\pi}{2}\right) \tag{5-45}$$

である．

インピーダンス Z の逆数を Y とおけば

$$I_m = \frac{1}{Z} E_m = Y E_m \tag{5-46}$$

と表記できる．Y は**アドミタンス**（admittance）と呼ばれる．アドミタンス Y は

5. 交流回路

$$Y = \sqrt{\left(\frac{1}{R}\right)^2 + (\omega C)^2} = \sqrt{G^2 + B^2}$$

である。ここで，G をコンダクタンス，B を**サセプタンス**（susceptance）と呼ぶ。アドミタンスの単位はコンダクタンスと同様に〔S〕（ジーメンス）である。

アドミタンスは並列回路における回路解析に便利なため，今後多用することになる。

Problem 5-15　R-L-C 直列回路における回路方程式は

$$Ri + L\frac{di}{dt} + \frac{1}{C}\int i\,dt = e$$

と表される。R-L-C 直列回路における電圧，電流，インピーダンスの関係式を，Problem 5-14 と同様に示せ。また，位相角 ϕ のとりうる範囲が R-L，R-C 直列回路と比べて異なることも同時に示せ。

Exercises

Exercise 5-1　キャパシタンスが 20 μF のキャパシタに，実効値 100 V，50 Hz の正弦波電圧を加えたときの容量リアクタンスと流れる電流の大きさを求めよ。また，100 V，60 Hz の場合はどうなるのか計算せよ。

Exercise 5-2　6 Ω の抵抗と 8 Ω の容量リアクタンスの直列回路におけるインピーダンスの大きさを求めよ。

Exercise 5-3　3 Ω の抵抗と 4 Ω の誘導リアクタンスをもつインダクタとの R-L 直列回路に，実効値 20 V の正弦波交流電圧を加えた。回路に流れる電流の大きさ，抵抗，およびインダクタの両端に発生する電圧の大きさをそれぞれ求めよ。

Exercise 5-4 キャパシタンスが 10 μF のキャパシタを, 50 Ω の容量リアクタンスとして利用したい。正弦波交流の周波数をいくらにすればよいか求めよ。

Exercise 5-5 インダクタンスが L のインダクタに $v = V_m \sin(\omega t + \phi)$ の電圧が加えられたときの瞬時電流 i を求め, これらの波形を図示せよ。

Exercise 5-6 つぎの (1)～(3) の式で表される電圧 v および電流 i の位相差を求めよ。

(1) $v = V_m \sin\left(\omega t + \dfrac{\pi}{3}\right)$, $i = I_m \sin\left(\omega t - \dfrac{\pi}{4}\right)$

(2) $v = V_m \sin\left(\omega t + \dfrac{\pi}{6}\right)$, $i = I_m \cos\left(\omega t - \dfrac{\pi}{3}\right)$

(3) $v = V_m \sin\left(\omega t - \dfrac{\pi}{3}\right)$, $i = I_m \cos\left(\omega t - \dfrac{\pi}{4}\right)$

Exercise 5-7 **Fig. 5-A** の回路において
$$e = E_m \cos \omega t$$
なる電圧を加えたとき, 回路に流れる電流 i がゼロになるための条件を示せ。

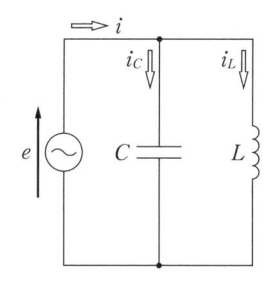

Fig. 5-A　Exercise 5-7

Exercise 5-8 キャパシタンス C のキャパシタと 20 Ω の抵抗とを並列に接続した回路に, 50 Hz, 100 V の交流電圧を加えたところ, 8 A の電流が流れた。キャパシタンス C を求めよ。

Exercise 5-9 ある抵抗とインダクタを直列に接続した回路に, 20 Hz, 100 V の交流電源を接続すると 30 A の電流が流れた。電源の周波数を 50 Hz に変更すると 25 A の電流が流れた。この回路の抵抗および自己インダクタンスを求めよ。

6章 正弦波交流のフェーザー表示

インダクタンスやキャパシタンスを有する回路に正弦波交流電圧を加えた場合の回路解析は，5章で示したように，「微分・積分方程式」を解くことになる。容易に想像できるように，微分・積分方程式の計算はたいへん複雑なものであり，多数の素子を含む回路においては解析自体が非常に困難となる。

正弦波交流の解析に複素数を導入すれば，回路に成立する微分・積分方程式を「複素代数式」によって表すことが可能となり，回路解析がきわめて容易となる。 本章では，複素代数式による正弦波交流回路の解析の詳細について述べていく。

6-1 フェーザー表示

複素数を用いた回路解析の詳細を述べるにあたって，その基礎的事項であるフェーザー表示，微分・積分方程式の代数演算について示しておく。

6-1-1 フェーザー表示と複素数

R，L，C などの線形素子で構成された電気回路に

$$e = \sqrt{2}\, E \sin(\omega t + \phi_1) \tag{6-1}$$

なる正弦波交流電圧を加えた場合，流れる電流 i は，一般に

$$i = \sqrt{2}\, I \sin(\omega t + \phi_2) \tag{6-2}$$

と表すことができる。

ここで，式 (6-1) および式 (6-2) を仮に実効値と初期位相だけで表してみる。

$$e \;\Rightarrow\; E \angle \phi_1 \tag{6-3}$$

$$i \;\Rightarrow\; I \angle \phi_2 \tag{6-4}$$

これらの式の表現方法を変えて

$$\dot{E} = E \angle \phi_1 \tag{6-5}$$

$$\dot{I} = I \angle \phi_2 \tag{6-6}$$

と上部に点（ドット）を付けて書いてみる。これらを正弦波電圧および正弦波電流の**フェー**

6-1 フェーザー表示

ザー表示（phasor representation）と呼ぶ。**フェーザーは，phase vector（フェーズベクトル）を縮めてつくられた用語であり，大きさと位相角（方向）をもつ量である。**今後，実効値の上部にドットが付いている場合は，すべてフェーザー表示していると考えることにする。

正弦波交流回路の解析には，フェーザー表示された電圧・電流を用いるのが便利である。フェーザー表示に置き換えて回路解析が行える理由は，**正弦波電圧・電流の相対的な関係が時間 t に依存しないことにある。**実効的な電圧・電流の大きさと位相，つまり，**実効値と初期位相が既知であれば，複雑な微分・積分方程式を解く必要はない。**

フェーザー表示は，大きさと位相で示されている極形式であるため，そのままの形式では加減算が実行できない。**加減乗除の演算を簡単に実行するためには，複素数を導入するのが便利である。**以下，複素数との関連について説明していく。

$e = E_m \sin(\omega t + \phi)$ で表される正弦波交流電圧波形および位相を **Fig. 6-1** に示す。いま，正弦波の位相を **Fig. 6-2** に示すような**縦軸を虚数軸とする図**に置き換えてみる。

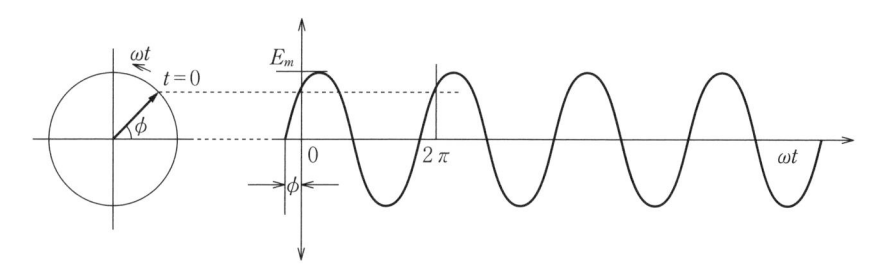

Fig. 6-1 正弦波交流と位相

Fig. 6-2 中に示す複素ベクトル量 $\boldsymbol{E}_m$ は，横軸成分，虚軸成分の足し合わせとして，以下の式で表現可能である。

$$\boldsymbol{E}_m = E_m\left[\cos(\omega t + \phi) + i \sin(\omega t + \phi)\right] \tag{6-7}$$

ここで，オイラーの公式

$$\mathrm{e}^{\pm i\theta} = \cos\theta \pm i\sin\theta \tag{6-8}$$

を用い，$\theta = \omega t + \phi$ として式 (6-7) を書き直すと

$$\boldsymbol{E}_m = E_m \mathrm{e}^{i(\omega t + \phi)} \tag{6-9}$$

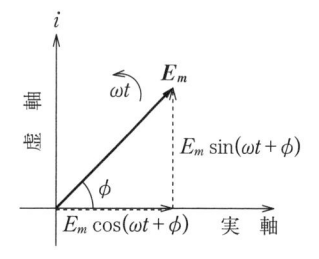

Fig. 6-2 虚数軸を用いた表示

を得ることができる。式 (6-9) を実効値表示し，さらに時間に依存する項と初期位相の項とを分離すると

$$\boldsymbol{E}_m = \sqrt{2}\, E \mathrm{e}^{i\omega t}\, \mathrm{e}^{i\phi} \tag{6-10}$$

と変形できる。式 (6-10) において，$\mathrm{e}^{i\omega t}$ の項は時間とともに単純に振動する関数であり（オイラーの公式参照），電圧・電流の相対的な位相関係には影響を及ぼさない。したがって，**回路解析においては $\mathrm{e}^{i\omega t}$ の項を省いてしまっても実質的な問題はない。**つまり，回路解析では，

$t=0$ においての電圧・電流の大きさと初期位相を考えればよいことになる．また，交流回路では，5章で言及したように実効値を用いた解析が便利でかつ合理的である．式 (6-3), (6-4) に従い，式 (6-10) 中の実効値および初期位相の項を抜き出しフェーザー表示してみると

$$\dot{E} = Ee^{i\phi} \tag{6-11}$$

と表記することができる．電気工学の世界では虚数単位記号 i を電流 i と混同してしまうことを避けるため，一般に j を虚数単位記号として用いることが多い．式 (6-11) を j で書き直すと

$$\dot{E} = Ee^{j\phi} \tag{6-12}$$

となる．ここで，j は

$$j = \sqrt{-1}$$

である．以後，本書内では虚数単位記号を j に統一する．

式 (6-5) と式 (6-12) を比較すると，初期位相が

$$\angle \phi \ \Rightarrow \ e^{j\phi}$$

に置き換わって表現されていることがわかる．このように，電圧を**複素数で表現すると，加減乗除の計算が容易に行えるようになる**．電流に対しても，同様に，複素数での表現が可能である．

いま，仮に電流を $Ie^{j\phi}$ と表示すれば，**それは実効値 I の大きさの電流が角度 ϕ だけ進んでいることを意味している**．横軸に実軸，縦軸に虚軸をとり，これを図に表したのが **Fig**. 6-3 である．このような図を**フェーザー図**（phasor diagram）という．電気回路の書物によっては，「ベクトル図」と表現されている場合があるが，本書では，以後，フェーザー図で統一する．フェーザー図を用いると，矢印の長さで実効値の大きさが表現でき，さらに角度で位相をも表すことができるため，正弦波

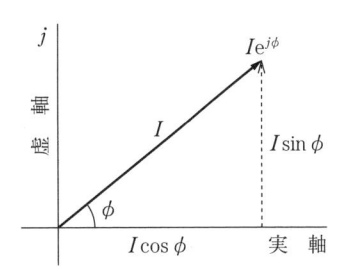

Fig. 6-3 電流のフェーザー図

交流の特性理解が容易となる．交流回路解析においては，フェーザー図が頻繁に用いられる．

回路解析において，複素数表示された電圧を回路に加え，電流を求めたとする．得られる電流も当然ながら複素数表示となるが，その瞬時値を知りたいときは，実際に加えられた電圧が cos だったのか sin だったのかがわかれば，複素数表示された結果に $e^{j\omega t}$ を掛け，その実数部（cos）または虚数部（sin）をとればよいことになる

Problem 6-1 $e^{j\phi}$ を展開してオイラーの公式を証明せよ．

6-1-2 フェーザー表示された正弦波の微分・積分

つぎにフェーザー表示された正弦波の微分・積分について考えてみる。いま，次式で示すような正弦波電流を考える。

$$i = \sqrt{2}\, I \sin(\omega t + \phi) \tag{6-13}$$

式 (6-13) を微分すると

$$\frac{di}{dt} = \sqrt{2}\, \omega I \cos(\omega t + \phi) = \sqrt{2}\, \omega I \sin\left(\omega t + \phi + \frac{\pi}{2}\right) \tag{6-14}$$

が得られる。式 (6-14) をフェーザー表示（実効値と位相で表示）すると

$$\omega I\, \mathrm{e}^{j\left(\phi + \frac{\pi}{2}\right)} = \omega I\, \mathrm{e}^{j\phi}\, \mathrm{e}^{j\frac{\pi}{2}} \tag{6-15}$$

となる。ここで

$$\mathrm{e}^{j\frac{\pi}{2}} = \cos\frac{\pi}{2} + j\sin\frac{\pi}{2} = j$$

であり，$\dot{I} = I\mathrm{e}^{j\phi}$ を式 (6-15) に代入すると

$$\omega I\, \mathrm{e}^{j\phi}\, \mathrm{e}^{j\frac{\pi}{2}} = j\omega \dot{I} \tag{6-16}$$

を得ることができる。したがって，正弦波関数の微分は複素数を用いて

$$\frac{di}{dt} \Rightarrow j\omega \dot{I}$$

と表現可能であることがわかる。

式 (6-16) は，正弦波関数の時間微分が，その正弦波関数に対応する複素数関数に $j\omega$ を掛ければ実現できることを示している。つまり，微分方程式は，複素数の表現によって単純な代数計算に置き換えられる。

同様に，積分においても

$$\int i\, dt = \frac{\sqrt{2}}{\omega} I \sin\left(\omega t + \phi - \frac{\pi}{2}\right) \tag{6-17}$$

の結果をフェーザー表示することで

$$\frac{I}{\omega} \mathrm{e}^{j\phi}\, \mathrm{e}^{-j\frac{\pi}{2}} = \frac{\dot{I}}{j\omega} \tag{6-18}$$

の関係を得ることができる。正弦波関数の時間積分は，複素数表示においては，$j\omega$ で割れば実現できるのである。

これらの結果より，微分・積分方程式は複素数表示において $j\omega$ の掛け算・割り算で置き換えられることがわかった。まとめると，以下のようになる。

$$\frac{d}{dt} \Rightarrow j\omega, \quad \int dt \Rightarrow \frac{1}{j\omega}$$

回路方程式を想定した場合の微分・積分方程式の置き換え例を，以下に示す。

6. 正弦波交流のフェーザー表示

$$i \Rightarrow \dot{I}, \quad v \Rightarrow \dot{V}, \quad L\frac{di}{dt} \Rightarrow j\omega L\dot{I}, \quad C\frac{dv}{dt} \Rightarrow j\omega C\dot{V}$$

$$\frac{1}{C}\int i\,dt \Rightarrow \frac{\dot{I}}{j\omega C}, \quad \frac{1}{L}\int v\,dt \Rightarrow \frac{\dot{V}}{j\omega L}$$

これらの置き換えと複素数の四則演算のルールを理解していれば，交流回路の解析は直流回路の場合とほぼ同様となり，きわめてやさしくなる。注意すべきことは，jの計算上の取扱いと電圧・電流には，大きさと位相（方向）があることを絶えずイメージしておくことである。

Problem 6-2 以下に示す二つの回路方程式を，それぞれ複素数表示で表現せよ。

$$v = Ri + L\frac{di}{dt}, \qquad v = Ri + L\frac{di}{dt} + \frac{1}{C}\int i\,dt$$

Problem 6-3
$$i_1 = \sqrt{2} \times 100\sin\left(\omega t + \frac{\pi}{3}\right), \qquad i_2 = \sqrt{2} \times 100\sin\left(\omega t + \frac{\pi}{6}\right)$$

をフェーザー表示（複素数表示）し，$\dot{I}_1 + \dot{I}_2 = \dot{I}$ を求めよ。また，$\dot{I}$ の大きさ $|\dot{I}|$ と $\dot{I}$ の位相角（偏角）ϕ を求めよ（偏角については 6-2 節参照）。

Problem 6-4 電圧 $\dot{V}_1 = 100e^{j\frac{\pi}{3}}$ 〔V〕，$\dot{V}_2 = 100e^{-j\frac{\pi}{3}}$ 〔V〕の和 $\dot{V}_3$ および差 $\dot{V}_4$ を計算せよ。また，$\dot{V}_1 \sim \dot{V}_4$ のフェーザー図を描け。

6-2　複素数の四則演算

ここでは，高等学校の復習も含めて，複素数の四則演算について簡単に示すことにする。
いま，$\dot{Z}=r+jy$ なる複素数を考える。まず

$$r = \mathrm{Re}\,\dot{Z}, \qquad y = \mathrm{Im}\,\dot{Z} \tag{6-19}$$

との表現が可能である。Re は**実数部**（real part），Im は**虚数部**（imaginary part）を意味している。

$\dot{Z}=|\dot{Z}|\mathrm{e}^{j\phi}$ とすると，$\dot{Z}$ の大きさは

$$|\dot{Z}| = \sqrt{r^2 + y^2} \tag{6-20}$$

と表現できる。この複素数を直交座標形式および極座標形式で表すと，**Fig. 6-4** のようになる。角度 ϕ は

$$\phi = \arg Z = \tan^{-1}\left(\frac{y}{r}\right) \tag{6-21}$$

で表される。この ϕ を $\dot{Z}$ の**偏角**（argument）と呼ぶ。

以下に，$\dot{Z}_1 = r_1 + jy_1$, $\dot{Z}_2 = r_2 + jy_2$ なる二つの複素数についての加法，減法，乗法，除法を示していく。

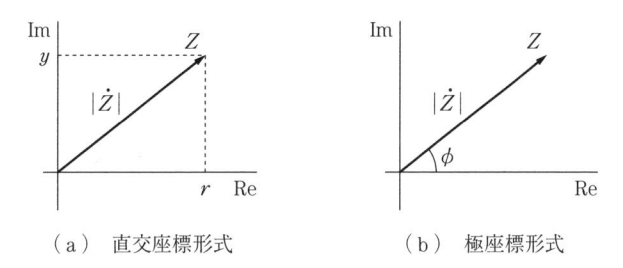

（a）直交座標形式　　（b）極座標形式

Fig. 6-4　直交座標形式および極座標形式による複素数の表示

6-2-1　加　　法

$$\dot{Z}_1 + \dot{Z}_2 = (r_1 + r_2) + j(y_1 + y_2) \tag{6-22}$$

となる。

6-2-2　減　　法

$$\dot{Z}_1 - \dot{Z}_2 = (r_1 - r_2) + j(y_1 - y_2) \tag{6-23}$$

となる。

6-2-3 乗　　　法

$$\dot{Z}_1\dot{Z}_2 = (r_1r_2 - y_1y_2) + j(r_2y_1 + r_1y_2) \tag{6-24}$$

となる。ここで，$j^2 = -1$ の関係を使用している。極形式（フェーザー表示）で表せば

$$\dot{Z}_1\dot{Z}_2 = |\dot{Z}_1||\dot{Z}_2| \angle (\phi_1 + \phi_2) \tag{6-25}$$

である。ここで，ϕ は偏角である。いま，仮に $\dot{Z}_2 = 1\angle\theta$ とすると

$$\dot{Z}_1\dot{Z}_2 = |\dot{Z}_1| \angle (\phi_1 + \theta) \tag{6-26}$$

となる。したがって，ある複素数に $1\angle\theta(\mathrm{e}^{j\theta})$ を乗じると，絶対値は変化しないが，偏角が θ だけ増加することになる。また

$$\mathrm{e}^{j\frac{\pi}{2}} = \cos\frac{\pi}{2} + j\sin\frac{\pi}{2} = j \tag{6-27}$$

であるので，ある複素数に j を乗じると絶対値は変わらないが，偏角が $\pi/2$（$=90°$）だけ増加することがわかる。

6-2-4 除　　　法

$$\frac{\dot{Z}_1}{\dot{Z}_2} = \frac{r_1 + jy_1}{r_2 + jy_2} = \frac{(r_1 + jy_1)(r_2 - jy_2)}{(r_2 + jy_2)(r_2 - jy_2)}$$

$$= \frac{r_1r_2 + y_1y_2}{r_2^2 + y_2^2} + j\frac{r_2y_1 - r_1y_2}{r_2^2 + y_2^2} \tag{6-28}$$

極形式（フェーザー表示）で表せば

$$\frac{\dot{Z}_1}{\dot{Z}_2} = \frac{|\dot{Z}_1|}{|\dot{Z}_2|} \angle (\phi_1 - \phi_2) \tag{6-29}$$

となる。

6-3　回路素子の複素数表示

本節では，回路素子の性質をもとにして電圧・電流の瞬時値表示，およびフェーザー表示を再確認し，回路解析に向けての準備を行う。

6-3-1 抵　　　抗

Fig. 6-5 に示す回路において，電気抵抗 R，電圧 v，電流 i の関係は，オームの法則より

$$i = \frac{v}{R} \tag{6-30}$$

となる。いま，加えた正弦波交流電圧 v を
$$v = V_m \sin \omega t \tag{6-31}$$
と仮定すれば，電流 i は
$$i = \frac{V_m \sin \omega t}{R} \tag{6-32}$$
となる。式 (6-31)，(6-32) がそれぞれ電圧，電流の瞬時値表示であることは先に述べた。また，i と v はともに初期位相ゼロで同相となっている。

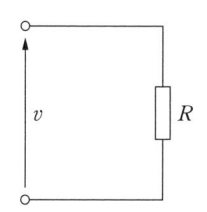

Fig. 6-5 抵抗回路

つぎに，フェーザー表示してみる。式 (6-31) は
$$\dot{V} = V \angle 0 \quad \Rightarrow \quad V e^{j0} \tag{6-33}$$
となり，式 (6-32) は
$$\dot{I} = \frac{V}{R} \angle 0 \quad \Rightarrow \quad \frac{V}{R} e^{j0} \tag{6-34}$$
となる。したがって
$$\dot{I} = \frac{\dot{V}}{R} \tag{6-35}$$
と表記できる。フェーザー図は **Fig. 6-6** のようになり，電圧と電流が同相であることが視認できる。

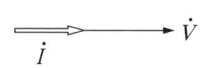

Fig. 6-6 フェーザー図

6-3-2 キャパシタンス

Fig. 6-7 において，電圧 v，電流 i，容量 C の関係は
$$i = C \frac{dv}{dt} \tag{6-36}$$
である。いま，正弦波交流電圧 v を
$$v = V_m \sin \omega t \tag{6-37}$$
と仮定すると，電流 i は

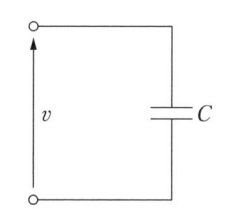

Fig. 6-7 キャパシタンス回路

$$i = C \frac{d}{dt}(V_m \sin \omega t) = \omega C V_m \cos \omega t$$
$$= \omega C V_m \sin\left(\omega t + \frac{\pi}{2}\right) \tag{6-38}$$
となる。5 章ですでに述べたが，キャパシタンスのみの回路においては，電流 i は電圧 v よりも位相が $\pi/2$ 進むことになる。式 (6-37)，(6-38) をフェーザー表示すると，それぞれ
$$\dot{V} = V \angle 0 \quad \Rightarrow \quad V e^{j0} \tag{6-39}$$
$$\dot{I} = \omega C V \angle \frac{\pi}{2} \quad \Rightarrow \quad \omega C V e^{j\frac{\pi}{2}} \tag{6-40}$$

となる。フェーザー図を **Fig. 6-8** に示す。ここで

$$e^{j\frac{\pi}{2}} = \cos\frac{\pi}{2} + j\sin\frac{\pi}{2} = j \tag{6-41}$$

より，式 (6-40) は

$$\dot{I} = j\omega C \dot{V} \tag{6-42}$$

と表現可能である〔式 (6-36) は電圧を時間微分した形になっており，d/dt を $j\omega$ に置き換えることによっても式 (6-42) は得られる〕。電流の位相が電圧に対して $\pi/2$ 進んでいる事実を，電圧に j を掛けることによって表現できることがわかる。電流を基準とした形に変形すると

$$\dot{V} = \frac{\dot{I}}{j\omega C} = -j\frac{\dot{I}}{\omega C} \tag{6-43}$$

となって，電流を基準として見た場合，電圧の位相が $\pi/2$ 遅れていることがわかる（電流に $-j$ が掛けられている）。

Fig. 6-8 フェーザー図

6-3-3 インダクタンス

Fig. 6-9 において，電圧 v，電流 i，インダクタンス L の関係は

$$i = \frac{1}{L}\int v\,dt \tag{6-44}$$

となる。いま，加えた正弦波交流電圧 v の瞬時値を

$$v = V_m \sin \omega t \tag{6-45}$$

として，式 (6-44) に代入して積分を実行すると

$$i = -\frac{V_m}{\omega L}\cos\omega t = \frac{V_m}{\omega L}\sin\left(\omega t - \frac{\pi}{2}\right) \tag{6-46}$$

Fig. 6-9 インダクタンス

が得られ，これは電流の瞬時値表示である。式 (6-46) より，電流 i は電圧 v より位相が $\pi/2$ 遅れていることがわかる。式 (6-46) をフェーザー表示すると

$$\dot{I} = \frac{\dot{V}}{j\omega L} = -j\frac{\dot{V}}{\omega L} \tag{6-47}$$

となる。フェーザー図を **Fig. 6-10** に示す。式 (6-47) を変形すると

$$\dot{V} = j\omega L \dot{I} \tag{6-48}$$

となる。電流を基準とした形に変形すると

$$\dot{V} = j\omega L \dot{I} \tag{6-49}$$

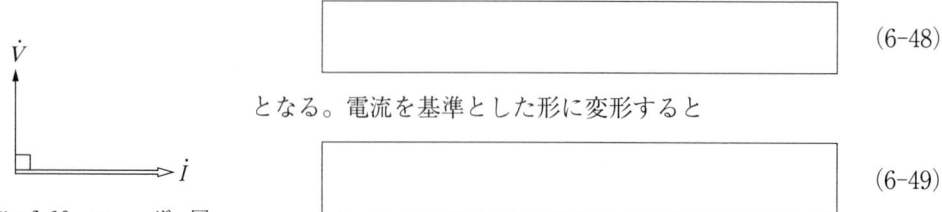

Fig. 6-10 フェーザー図

となり，電流に対し，電圧は $\pi/2$ 進んでいることがわかる。

以上に示した交流回路における電圧，電流の位相関係を負荷ごとに簡単にまとめてみる（電圧を基準として考える）。

  抵抗のみ   電流と電圧は同相
  キャパシタのみ   電流は電圧より $\pi/2$ 進む
  インダクタのみ   電流は電圧より $\pi/2$ 遅れる

Problem 6-5 $C=500\,\mu\mathrm{F}$ のキャパシタンスのみの回路に，周波数 60 Hz，電圧 $100+j0\,[\mathrm{V}]$ の電源をつないだ。流れる電流を複素数表示で求めよ。また，電圧と電流の関係をフェーザ図で示せ。

6-3-4　インピーダンス

抵抗 R，キャパシタンス C，インダクタンス L のいずれかのみの回路における電圧 $\dot{V}$ および電流 $\dot{I}$ との関係は，6-3-1 ～ 6-3-3 項で示したように，それぞれ

$$\dot{V}=R\dot{I} \tag{6-50}$$

$$\dot{V}=\frac{1}{j\omega C}\dot{I}=-j\frac{\dot{I}}{\omega C} \tag{6-51}$$

$$\dot{V}=j\omega L\dot{I} \tag{6-52}$$

となる。これらの式をまとめて，前に述べたインピーダンスで表現すると

$$\dot{V}=\dot{Z}\dot{I} \tag{6-53}$$

となる。インピーダンスは直流回路における抵抗 R に相当するので，単位は Ω となる。

式 (6-53) では，インピーダンス Z の上部にドットを付けて表している。これは電圧・電流を複素数表示したことにより，インピーダンスも複素数表示になったことを意味している。インピーダンス $\dot{Z}$ と電圧 $\dot{V}$，あるいは電流 $\dot{I}$ の表現形式は似ているが，物理的な内容には相違があることに注意を要する。

電圧 $\dot{V}$ あるいは電流 $\dot{I}$ は，時間とともに変化する（正弦波関数）量を便宜的に大きさと位相で表したものである。それに対してインピーダンス $\dot{Z}$ は，電気回路に固有の値であり，時間によって変化する量ではない。

インピーダンスは，回路解析においては複素数表示されるが，実用的にはその絶対値を用いる場合が多い。

抵抗 R，キャパシタンス C およびインダクタンス L におけるインピーダンスをそれぞれ

$\dot{Z}_R$, $\dot{Z}_C$, $\dot{Z}_L$ とすると

$$\dot{Z}_R = R, \quad \dot{Z}_L = j\omega L, \quad \dot{Z}_C = -j\frac{1}{\omega C} \tag{6-54}$$

となる。**実際には抵抗 R，キャパシタンス C およびインダクタンス L のそれぞれが単独で存在する回路は少なく**，回路解析においては，それぞれの素子が混在した回路を考えることになる。

6-4 各種回路のインピーダンスとフェーザー図

本節では，R-L，R-C 直並列回路などにおけるインピーダンスとそのフェーザー図を示す。フェーザー図は，回路動作を直感的に理解するための道具として重要である。

6-4-1 R-L 直列回路のフェーザー図

インピーダンス $\dot{Z}$ は R, L, C 単独ではなく，組合せ回路においても用いることができる。例として **Fig.** 6-11 に示す R-L 直列回路に電流 $\dot{I}$ が流れているとする。R と L で発生する端子電圧はそれぞれ

$$\dot{V}_R = R\dot{I} \tag{6-55}$$

$$\dot{V}_L = j\omega L\dot{I} \tag{6-56}$$

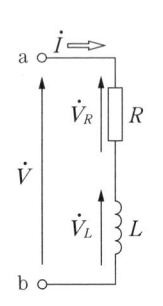

となる。式 (6-55) より，抵抗の端子電圧 $\dot{V}_R$ は $\dot{I}$ と同相であり，式 (6-56) からはインダクタの端子電圧 $\dot{V}_L$ が $\dot{I}$ より $\pi/2$ 位相が進んでいることがわかる（$\dot{I}$ に j が掛け込まれているため）。これをフェーザー図で示すと **Fig.** 6-12 のようになる。

偏角 ϕ は

$$\phi = \tan^{-1}\frac{V_L}{V_R} \tag{6-57}$$

となる。

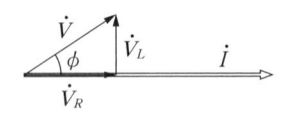

端子 a-b 間の全体の電圧は

$$\dot{V} = \dot{V}_R + \dot{V}_L = (R + j\omega L)\dot{I} \tag{6-58}$$

Fig. 6-11 R-L 直列回路

Fig. 6-12 フェーザー図

と表現できる。式 (6-53) と式 (6-58) を比較すると，R-L 直列回路のインピーダンスが

$$\dot{Z} = R + j\omega L \tag{6-59}$$

と示されることがわかる。

一般にインピーダンスは，先に述べたように，複素数で表示され

$$\dot{Z} = R + jX \quad \Rightarrow \quad \sqrt{R^2 + X^2} \angle \tan^{-1}\frac{X}{R} \tag{6-60}$$

となる。R を抵抗分，X をリアクタンス分と呼ぶ。偏角 ϕ は

$$\phi = \tan^{-1}\frac{X}{R} \tag{6-61}$$

と示され，式 (6-57) で求めたものと同様の値となる。これは**インピーダンスがわかれば，電圧と電流の位相差が求められる**ことを示している。

インピーダンスの逆数である**アドミタンス**（admittance）は，次式で定義される。

$$\dot{Y} = \frac{1}{\dot{Z}} \tag{6-62}$$

アドミタンスの単位は，コンダクタンスと同様に〔S〕である。アドミタンスもインピーダンスと同様に複素数表示され

$$\dot{Y} = G + jB = \sqrt{G^2 + B^2} \angle \tan^{-1}\frac{B}{G} \tag{6-63}$$

となる。G がコンダクタンス分，B がサセプタンス分である。

6-4-2 インピーダンス三角形

Fig. 6-12 のフェーザー図において，電圧で構成されている三角形の各辺を電流 I で割れば，**Fig. 6-13** のような三角形ができる（抵抗を基準とした）。これをインピーダンス三角形と呼ぶ。直角を挟む2辺が抵抗 R と誘導リアクタンス $X_L = \omega L$ でつくられ，斜辺がインピーダンス Z に相当している。

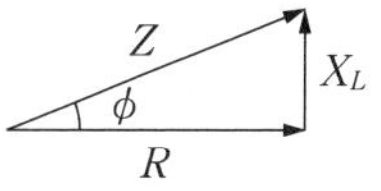

Fig. 6-13 インピーダンス三角形

インピーダンスの大きさおよび位相角 ϕ は，それぞれ次式のように示される。

$$|\dot{Z}| = \sqrt{R^2 + X_L^2} \tag{6-64}$$

$$\phi = \tan^{-1}\frac{X_L}{R} \tag{6-65}$$

これらの式は，先にも述べたように，**電圧と電流の位相差がインピーダンスによって表現できる**ことを示している。インピーダンス三角形は，インピーダンスの大きさや電圧・電流の位相を知るのにたいへん便利である。

6-4-3 R-C 直列回路のフェーザー図

Fig. 6-14 に R-C 直列回路を示す。抵抗およびキャパシタの端子電圧はそれぞれ

$$\dot{V}_R = R\dot{I} \tag{6-66}$$

$$\dot{V}_C = \frac{1}{j\omega C}\dot{I} = -j\frac{1}{\omega C}\dot{I} \tag{6-67}$$

となる。式 (6-66) および式 (6-67) より，抵抗の端子電圧 $\dot{V}_R$ は $\dot{I}$ と同相であり，キャパシ

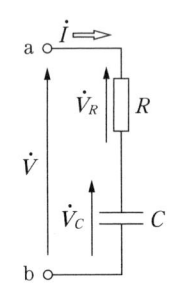

タの端子電圧 $\dot{V}_C$ は $\dot{I}$ より $\pi/2$ 位相が遅れていることがわかる。

端子 a-b 間の電圧は

$$\dot{V} = \dot{V}_R + \dot{V}_C = \left(R + \frac{1}{j\omega C}\right)\dot{I} \tag{6-68}$$

となる。インピーダンスは

$$\dot{Z} = R + \frac{1}{j\omega C} = R - j\frac{1}{\omega C} \tag{6-69}$$

Fig. 6-14 R–C 直列回路

偏角 ϕ は

$$\phi = \tan^{-1}\frac{V_C}{V_R} \tag{6-70}$$

と示される。式 (6-69) に示したインピーダンスより偏角を求めると

$$\phi = \tan^{-1}\frac{-1/(\omega C)}{R} = \tan^{-1}\frac{-1}{\omega CR} \tag{6-71}$$

となる。

Fig. 6-15 フェーザー図

R–C 直列回路のフェーザー図を **Fig. 6-15** に示す。

6-4-4 R–L 並列回路のフェーザー図

Fig. 6-16 に R–L 並列回路を示す。抵抗に流れる電流 $\dot{I}_R$ およびインダクタに流れる電流 $\dot{I}_L$ は，それぞれつぎのように示される。

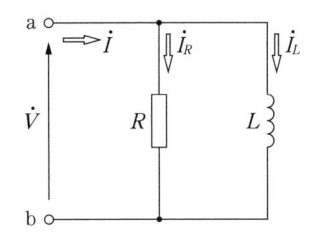

$$\dot{I}_R = \tag{6-72}$$

$$\dot{I}_L = \tag{6-73}$$

電流 $\dot{I}_R$ は電圧 $\dot{V}$ に対して同相，電流 $\dot{I}_L$ は $\dot{V}$ に対して位相が $\pi/2$ 遅れていることがわかる。$\dot{V}$ を基準としてフェーザー図を描くと **Fig. 6-17** のようになる。

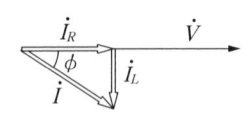

Fig. 6-16 R–L 並列回路

電流は，アドミタンスを用いて

$$\dot{I} = \dot{I}_R + \dot{I}_L = \left(\frac{1}{R} + \frac{1}{j\omega L}\right)\dot{V} = \dot{Y}\dot{V} \tag{6-74}$$

Fig. 6-17 フェーザー図

と示すことができる。並列回路においては，抵抗，リアクタンスの逆数を足し合わせることで，アドミタンスを求めることができる。これは直流回路で学んだ抵抗の並列回路における取扱いと同様である。アドミタンスをインピーダンスで表現し直すと

6-4 各種回路のインピーダンスとフェーザー図

$$\dot{Z} = \frac{1}{\dot{Y}} = \frac{j\omega LR}{R + j\omega L} \tag{6-75}$$

となり，二つの抵抗における合成抵抗を求める式と同じ形になることがわかる。偏角 ϕ は，式 (6-74) に示したアドミタンスから

$$\phi = \tan^{-1}\frac{-1/(\omega L)}{1/R} = \tan^{-1}\frac{-R}{\omega L} \tag{6-76}$$

と求めることができる。

Problem 6-6 R–C 並列回路および L–C 並列回路における電圧と電流のフェーザー図をそれぞれ示せ。

Problem 6-7 Fig. 6-18 に示す回路の電圧と電流の関係をフェーザー図に示せ。

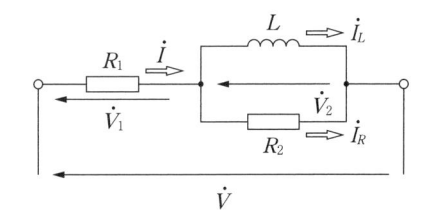

Fig. 6-18 Problem 6-7

Problem 6-8 R–L–C 直列回路のインピーダンス三角形と偏角 ϕ を示せ。ただし，C に起因する容量リアクタンス $[X_C = -j1/(\omega C)]$ の大きさが，L の誘導リアクタンス $(X_L = j\omega L)$ の大きさよりも大きい場合を想定せよ。

6-5 インピーダンスとアドミタンス

二つのインピーダンス $\dot{Z}_1$ および $\dot{Z}_2$ を **Fig**. 6-19 のように直列接続した場合，電圧と電流の関係は

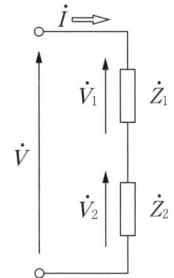

$$\dot{V} = \dot{V}_1 + \dot{V}_2 = \dot{Z}_1 \dot{I} + \dot{Z}_2 \dot{I} = (\dot{Z}_1 + \dot{Z}_2)\dot{I} \tag{6-77}$$

と示される。式 (6-53) と比較することにより，合成インピーダンスとして

$$\dot{Z} = \dot{Z}_1 + \dot{Z}_2 \tag{6-78}$$

が得られる。また，**Fig**. 6-20 のような並列接続の場合には，電流，電圧の関係として

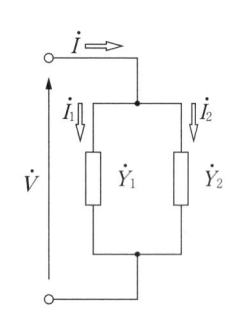

$$\dot{I} = \dot{I}_1 + \dot{I}_2 = \dot{Y}_1 \dot{V} + \dot{Y}_2 \dot{V} = (\dot{Y}_1 + \dot{Y}_2)\dot{V} \tag{6-79}$$

が得られ，合成アドミタンスは

$$\dot{Y} = \dot{Y}_1 + \dot{Y}_2 \tag{6-80}$$

と示すことができる。以上から，**交流回路における電圧，電流，インピーダンス（またはアドミタンス）の関係は，直流回路における電圧，電流，抵抗（またはコンダクタンス）の関係と形式がまったく同じである**ことがわかる。したがって，交流回路の計算には形式的に直流回路計算の方法が適用できる。

Fig. 6-19　直列接続

Fig. 6-20　並列接続

Problem 6-9　R-L 直列回路，R-C 直列回路，R-L 並列回路の合成インピーダンスを求めよ。

Problem 6-10　**Fig**. 6-21 の回路において，a-b 間の合成インピーダンスを求めよ。

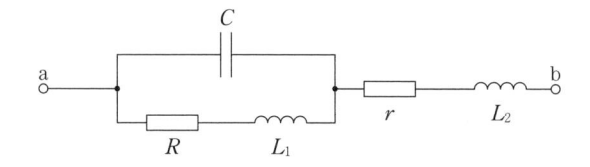

Fig. 6-21　Problem 6-10

Problem 6-11　Fig. 6-22 の回路において，電圧と電流が同相になる条件（偏角をゼロにする）を示せ。

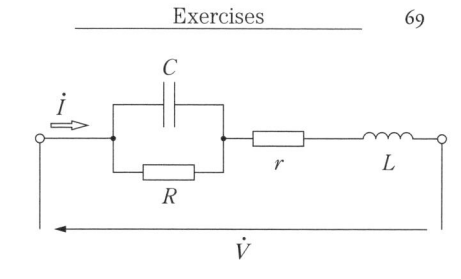

Fig. 6-22　Problem 6-11

6-6　等価抵抗と等価リアクタンス

一般にインピーダンス $\dot{Z}$ は

$$\dot{Z} = |\dot{Z}|e^{j\phi} = |\dot{Z}|\cos\phi + j|\dot{Z}|\sin\phi = R_e + jX_e \tag{6-81}$$

で表される。ここで，R_e は等価抵抗，X_e は等価リアクタンス，ϕ は偏角である。さまざまな電気回路のインピーダンスは，等価的に R と L，または R と C の直列回路で表すことができる。

Problem 6-12　R-C 並列回路の等価抵抗と等価リアクタンスを求めよ。

Exercises

Exercise 6-1　複素数表示を用いて
$$\sqrt{2}\,\sin(\omega t + \phi_1) + \sqrt{2}\,\sin(\omega t - \phi_2)$$
を求めよ（三角関数の公式を参照するとよい）。

Exercise 6-2　Fig. 6-A の回路において，合成インピーダンス Z を Z_a の値と等しくしたい。Z_a〜Z_c の間にどのような関係が必要か示せ。

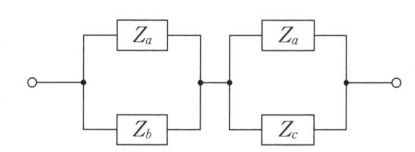

Fig. 6-A　Exercise 6-2

6. 正弦波交流のフェーザー表示

Exercise 6-3 Fig. 6-B の回路において，合成アドミタンスおよび合成インピーダンスの大きさを求めよ。ただし，$R_1=5\,\Omega$，$R_2=10\,\Omega$，誘導リアクタンス $X_L=10\,\Omega$ とする。

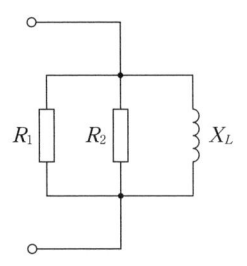

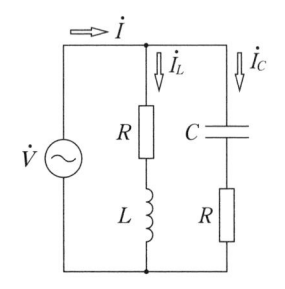

Fig. 6-B Exercise 6-3

Exercise 6-4 二つの電流の実効値がそれぞれ $I_1=3\,\mathrm{A}$，$I_2=6\,\mathrm{A}$ で，I_2 が I_1 より $60°$ 位相が進んでいるとき，合成電流の実効値 I の大きさを求めよ。

Exercise 6-5 R–L 直列回路に $\dot{V}=V_0+jV_1$ なる電圧を加えた場合に，流れる電流 $\dot{I}$，およびその実効値の大きさを求めよ。

Exercise 6-6 実効値 $V=100\,\mathrm{V}$，周波数 $f=50\,\mathrm{Hz}$ の電圧を，抵抗 $20\,\Omega$，インダクタンス $20\,\mathrm{mH}$ の R–L 直列回路に加えたとき，流れる電流 I の大きさを求めよ。また，加えた電圧と電流の位相差を求めよ。さらに，電圧，電流の関係を示すフェーザー図を描け。

Exercise 6-7 Fig. 6-C の回路において，電源の角周波数 ω と無関係に電流 $\dot{I}$ と電圧 $\dot{V}$ が同相になる条件を求めよ。

Fig. 6-C Exercise 6-7

Exercise 6-8 Fig. 6-D の回路のアドミタンスを求めよ．また，角周波数 ω を $0\sim\infty$ に変化させたときの複素平面上でのアドミタンスの軌跡を描け．

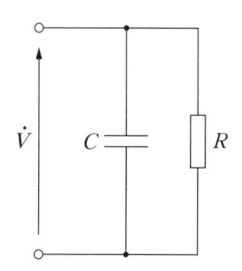

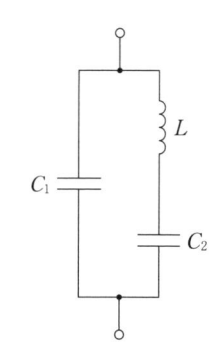

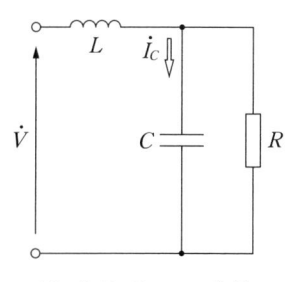

Fig. 6-D　Exercise 6-8

Exercise 6-9 R-L 直列回路において，角周波数 ω を $0\sim\infty$ に変化させたときの複素平面上でのインピーダンスの軌跡を描け．

Exercise 6-10 Fig. 6-E の回路のアドミタンスを求めよ．また，アドミタンスが 0 および ∞ になるための角周波数を求めよ．

Fig. 6-E　Exercise 6-10

Exercise 6-11 Fig. 6-F の回路において，$\dot{V}$ の電圧を加えたとき，キャパシタンス C のキャパシタに流れる電流 $\dot{I}_C$ を求めよ．

Fig. 6-F　Exercise 6-11

6. 正弦波交流のフェーザー表示

Exercise 6-12 **Fig. 6-G** の回路において，$L=CR^2$ のとき，a-b 間のインピーダンスは抵抗分のみとなることを示せ。

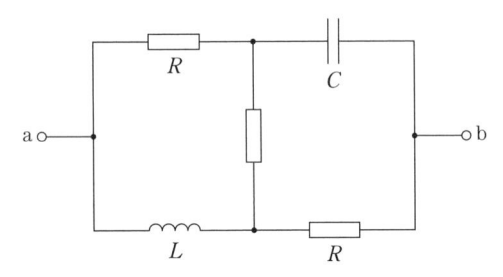

Fig. 6-G　Exercise 6-12

Exercise 6-13 **Fig. 6-H** の回路において，a-b 間の電圧が抵抗 R に無関係となる条件を求めよ。

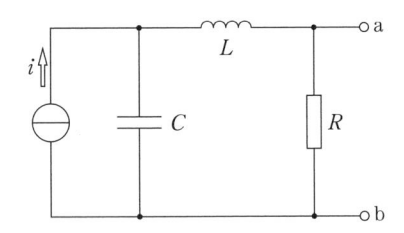

Fig. 6-H　Exercise 6-13

7章 相互インダクタンス回路

電流と磁気（磁束）のかかわりを利用した回路素子として，インダクタ（コイル）があることをすでに学んだ。インダクタは自己インダクタンスを有する素子として独立に扱っていたが，一つの回路中に二つ以上のインダクタが存在するときは，それらの**相互作用**（interaction）を考慮する必要がある。

一つのインダクタから発生する磁力線（磁束）が，他方のインダクタにも影響を与え，インダクタ間に**結合**（coupling）を生じることがある。本章では，結合の程度を量として表す**相互インダクタンス**（mutual inductance）について述べ，また相互インダクタンスを積極的に利用した**変成器**（transformer）を紹介する。

7-1 相互インダクタンス

Fig. 7-1 に示す二つのインダクタ A，B を考える。これらがおのおの独立に存在するのであれば，インダクタ A，B にかかわる端子電圧，電流の関係はそれぞれ

$$v_1 = L_1 \frac{di_1}{dt}, \qquad v_2 = L_2 \frac{di_2}{dt} \tag{7-1}$$

と示される。

いま，二つのインダクタがたがいに影響を及ぼす場合を考える。その場合，それぞれの端子電圧は次式のように表されることになる。

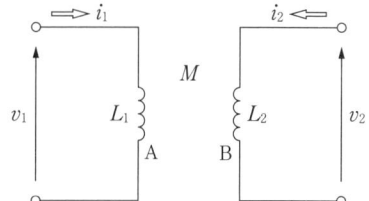

Fig. 7-1 相互インダクタンス回路

$$v_1 = L_1 \frac{di_1}{dt} + M \frac{di_2}{dt} \tag{7-2}$$

$$v_2 = M \frac{di_1}{dt} + L_2 \frac{di_2}{dt} \tag{7-3}$$

上式は，インダクタ A の電流 i_1 が変化したとき，インダクタ B の電圧 v_2 に影響を与え，逆にインダクタ B の電流 i_2 が変化すれば電圧 v_1 に影響が現れることを示している。このような現象を**相互誘導**（mutual induction）と呼び，式中の M を**相互インダクタンス**（mutual inductance）と呼ぶ。

7. 相互インダクタンス回路

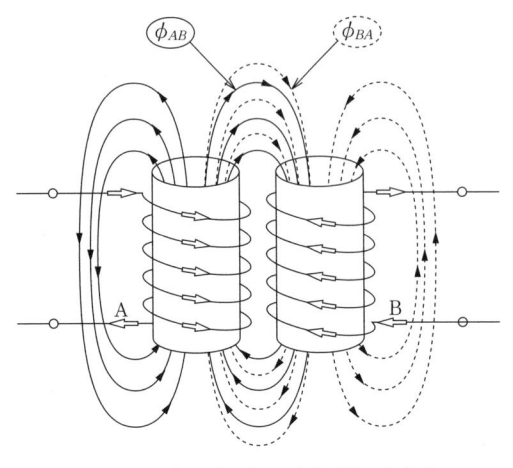

Fig. 7-2 インダクタ A (B) が B (A) に及ぼす磁束

このような現象が生じる原因の説明に **Fig. 7-2** を用いる。インダクタ A に電流が流れたときに発生する磁力線（磁束）の一部分がインダクタ B に鎖交すると誘導起電力が発生する（Fig. 7-2 では ϕ_{AB} による誘導起電力）。同時にインダクタ B に電流が流れたときに発生する磁束 ϕ_{BA} によるインダクタ A への誘導起電力も生じる。相互インダクタンスは，式 (7-2), (7-3) に示すように，これらの現象の比例定数として導入されるのである。

ϕ_{AB} による相互インダクタンスを M_{AB}, ϕ_{BA} による相互インダクタンスを M_{BA} とすると，通常はつぎの関係となる。

$$M_{AB} = M_{BA} = M \tag{7-4}$$

M の符号は，インダクタ相互の空間配置やそれらに流れる電流によって決まり，正負どちらにもなりうる。Fig. 7-2 において，二つの電流がつくる磁束がたがいに強め合うときには M は正となり，弱め合うときは負となる。自己インダクタンス L_1, L_2 と相互インダクタンス M との関係は

$$M = k\sqrt{L_1 L_2} \tag{7-5}$$

となる。ここで，k を **結合係数**（coupling coefficient）と呼び

$$-1 \leq k \leq 1$$

の範囲の値をとる。k の値は，インダクタどうしが離れているときには小さくなる。これは他方のインダクタに物理的に鎖交する磁束が少なくなるからである。言い換えれば，「漏れる」磁束量が多いために相互誘導が抑制され，それを量的に表すために k を小さくとるのである。

相互誘導現象を積極的に利用したものとしては，**変成器**（transformer）があげられる。鉄心などを用いてインダクタ間の結合係数を 1 に近い値にするものである。電力設備などで用いられる変圧器が有名である。

また，相互誘導現象を抑制しなければならない場合もある。例えば，電力系統の電線と通信線が接触していれば，電線による相互誘導現象が通信線にノイズなどの障害を与えることがある。

相互誘導回路（変成器）に蓄積される電磁エネルギーの瞬時値は

$$W = \frac{1}{2}L_1 i_1^2 + \frac{1}{2}L_2 i_2^2 + M i_1 i_2 \tag{7-6}$$

と示される。

Problem 7-1 式 (7-5) を電磁気学の各種教科書などを参照して導き出せ。

7-2 複素記号による相互誘導回路の解析

式 (7-2), (7-3) を複素数を用いて表現すると, それぞれ次式のように表すことができる。

$$\dot{V}_1 = j\omega L_1 \dot{I}_1 + j\omega M \dot{I}_2 \tag{7-7}$$

$$\dot{V}_2 = \tag{7-8}$$

これらはつぎのような変形が可能である。

$$\dot{V}_1 = j\omega L_1 \dot{I}_1 - j\omega M \dot{I}_1 + j\omega M \dot{I}_1 + j\omega M \dot{I}_2 = j\omega (L_1 - M)\dot{I}_1 + j\omega M (\dot{I}_1 + \dot{I}_2) \tag{7-9}$$

$$\dot{V}_2 = \tag{7-10}$$

式 (7-9), (7-10) より, **Fig. 7-3 の回路 (a) と回路 (b) が等価**であることがわかる。

なお, Fig. 7-3 (a) 中の●印はインダクタの極性を示すもので,「一方のインダクタの●印のほうから電流を流入すれば, 他方のインダクタでは●印の方向に電圧が発生する」という約束がある。両方のインダクタで電圧の発生する向きと●印の関係が等しい場合は, $M>0$ と考える (●印の付いている方向から電流が流れ込むと, 二つのコイルの磁束が強め合う)。回路解析において●印が必要ない場合は省略することもある。

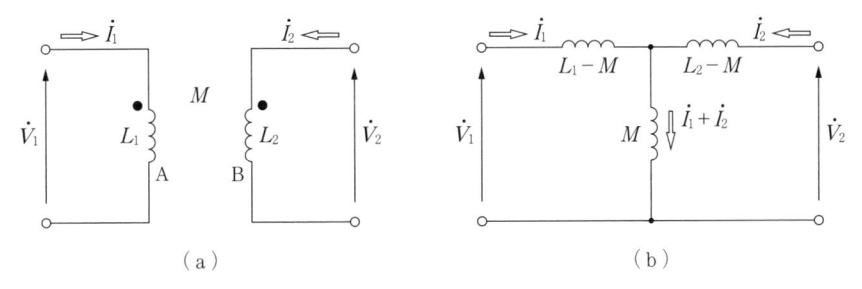

Fig. 7-3 相互インダクタンス回路

7. 相互インダクタンス回路

Problem 7-2 Fig. 7-4 の変成器において，電圧，電流の関係式を示せ。

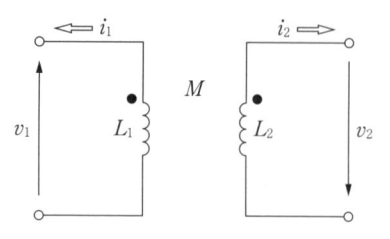

Fig. 7-4 Problem 7-2

Problem 7-3 Fig. 7-5 のように，インダクタを接続した場合の回路全体のインダクタンス（等価インダクタンス）を求めよ。また，等価回路も合わせて示せ。

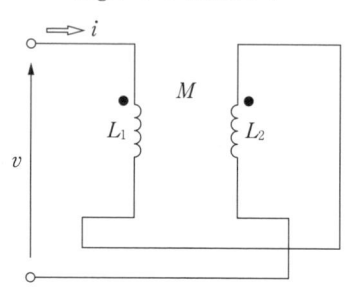

Fig. 7-5 Problem 7-3

Exercises

Exercise 7-1 Fig. 7-A に示すように変成器の端子 c-d 間に抵抗を接続した。端子 a-b 側から見たときのインピーダンスを求めよ[†]。

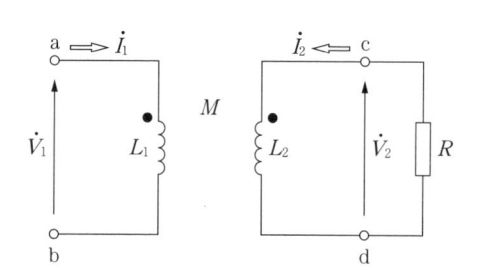

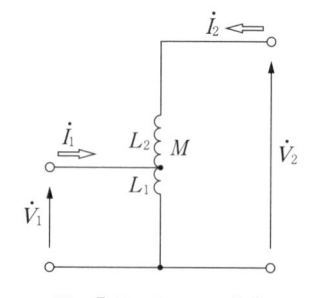

Fig. 7-A Exercise 7-1

Exercise 7-2 Fig. 7-B に示す回路は，オートトランス（単巻変圧器）と呼ばれる（小型のオートトランスとしてスライダックが有名である）。この回路の等価回路を求めよ。

Fig. 7-B Exercise 7-2

[†] 変成器の場合，端子 a-b を 1 次側（primary）端子，端子 c-d を 2 次側（secondary）と呼ぶ。

Exercise 7-3 Fig. 7-3 (a) の回路に対する回路方程式 (7-7), (7-8) を, おのおの $\dot{I}_1$, $\dot{I}_2$ について解くことにより

$$\dot{I}_1 = \frac{\dot{V}_1}{j\omega L_A} + \frac{\dot{V}_1 - \dot{V}_2}{j\omega L_M} \tag{A}$$

$$\dot{I}_2 = \frac{\dot{V}_2 - \dot{V}_1}{j\omega L_M} + \frac{\dot{V}_2}{j\omega L_B} \tag{B}$$

を得る。これらは **Fig. 7-C** のような回路に対するキルヒホッフの第 1 法則に対応している。この回路は Fig. 7-1 に対する π 形等価回路と呼ばれる〔これに対して, Fig. 7-3 (b) の回路は T 形等価回路と呼ばれる〕。上式 (A), (B) の L_A, L_B, および L_M を求めよ。

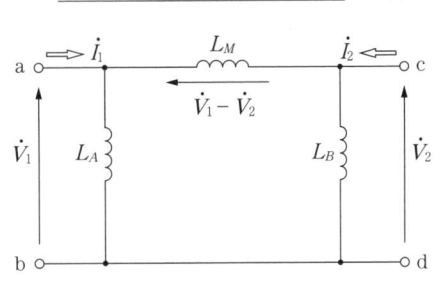

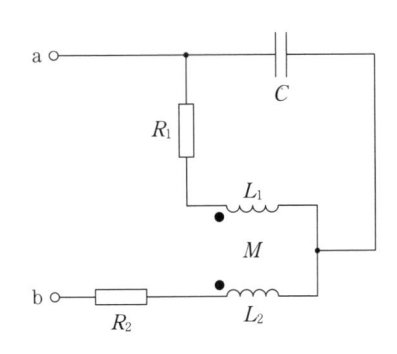

Fig. 7-C　Exercise 7-3

Exercise 7-4 変成器の T 形等価回路を用いて **Fig. 7-D** の回路を書き換え, a-b 間の合成インピーダンスを求めよ。

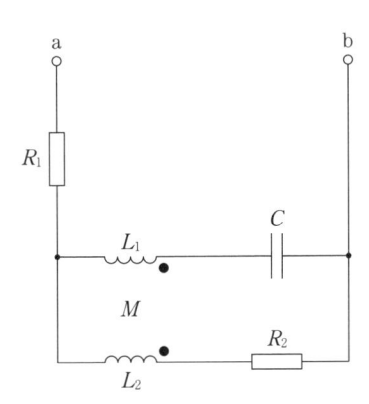

Fig. 7-D　Exercise 7-4

Exercise 7-5 変成器の T 形等価回路を用いて **Fig. 7-E** の回路を書き換え, a-b 間の合成インピーダンスを求めよ。

Fig. 7-E　Exercise 7-5

8章 共振回路

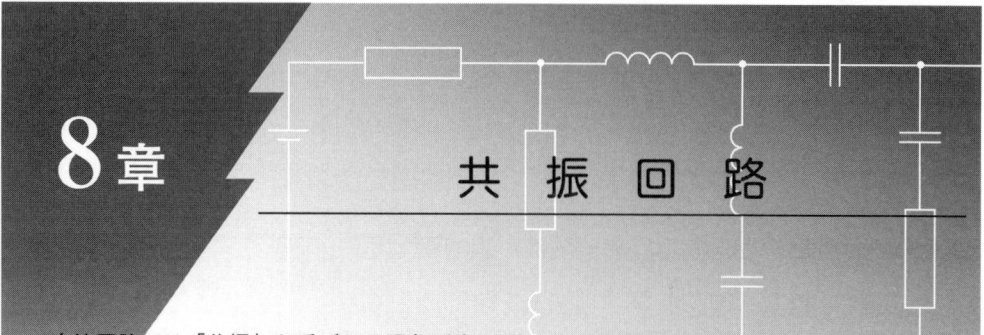

交流回路では「共振」と呼ばれる現象が生じる。R-L-C 回路の共振は，音響などでよく知られている「共鳴」に対応するもので，電気回路を学ぶにあたって非常に重要な位置付けとなっている。テレビ，ラジオ，その他のチューニングなど，工学上の応用範囲が広い。本章では，共振現象について詳しく述べていく。

8-1 直列共振

Fig. 8-1 の回路において，インピーダンス $\dot{Z}$ はつぎのように表される。

$$\dot{Z} = R + j\left(\omega L - \frac{1}{\omega C}\right) \tag{8-1}$$

インピーダンス $\dot{Z}$ の大きさは，式 (8-1) のとおり，角周波数 ω によって変化する。**Fig.** 8-2 に，角周波数 ω が変化したときのインピーダンスの軌跡（フェーザーの軌跡）を示す。インピーダンス $\dot{Z}$ の大きさはリアクタンス分がゼロのときに最小値となる。すなわち

$$\omega = \omega_0 = \frac{1}{\sqrt{LC}} \quad \left(\because \ \omega L - \frac{1}{\omega C} = 0\right) \tag{8-2}$$

の角周波数のときである。このときの電流 I の大きさは抵抗 R の値のみで決定され

$$I = \frac{V}{R} \tag{8-3}$$

となり，最大値をとる。$\omega = \omega_0$ において最大電流が流れる現象のことを**共振**（resonance）と呼び，Fig. 8-1 に示した直列回路の場合を**直列共振**という。また，共振の生じる角周波数 ω_0 を**共振角周波数**と呼ぶ。式 (8-2) を周波数 f_0 で表すと

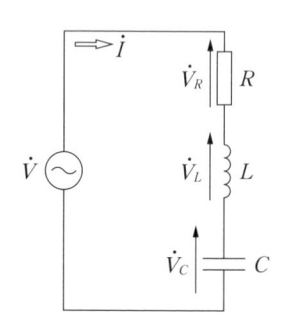

Fig. 8-1 直列共振回路

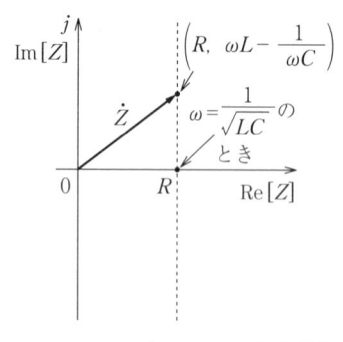

Fig. 8-2 インピーダンスの周波数特性（フェーザーの軌跡）

8-1 直列共振

$$\quad\quad\quad\quad\quad\quad\quad\quad\quad\quad\quad\quad\quad\quad\quad\quad\quad\quad \tag{8-4}$$

となり，f_0 を**共振周波数**（resonance frequency）という。

式 (8-2) および式 (8-3) で示したように，共振時の電流は抵抗値だけで決まり

$$\dot{I}_{\max} = \frac{\dot{V}}{R} \tag{8-5}$$

と示される。Fig. 8-1 において，共振時の各素子の端子電圧はつぎのようになる。

$$\dot{V}_L = j\omega_0 L \dot{I}_{\max} = jQ\dot{V} \tag{8-6}$$

$$\dot{V}_C = \frac{\dot{I}_{\max}}{j\omega_0 C} = -j\omega_0 L \dot{I}_{\max} = -j\omega_0 L \frac{\dot{V}}{R} = -jQ\dot{V} \tag{8-7}$$

$$\dot{V}_R = R\dot{I}_{\max} = \dot{V} \tag{8-8}$$

ここで，Q は

$$Q = \frac{\omega_0 L}{R} \tag{8-9}$$

であり，V_C, V_L は電源電圧の Q 倍に大きくなることがわかる。Q の値は一般に 100 以上となることが多く，**共振時の V_C, V_L は電源の電圧に比べてきわめて大きな値となる**。キャパシタやインダクタなどの素子には高電圧が加わることになるので，損傷を生じる危険性がある。

また，式 (8-9) より，Q は抵抗の値によって変化することがわかる。**Fig. 8-3** に抵抗の大小による電流と角周波数の関係を示す。「鋭い」共振特性を得るには低い抵抗値（大きな Q）が望ましいことがわかる。Q は一般に「Q 値」と呼ばれる。

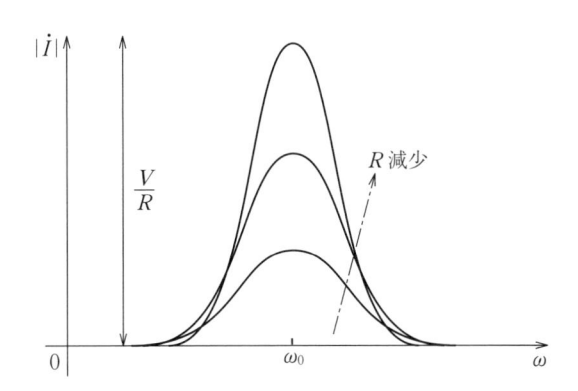

Fig. 8-3 直列共振回路における電流の大きさと抵抗の関係

Problem 8-1 Q は回路の共振特性の鋭さを示している。Q を「回路のよさ」と表現することがあるが，何が「よい」のか，以下のヒントをもとに検討してみよ。

（ヒント） Q 値 $= \omega_0 \times \dfrac{\text{蓄積エネルギー}}{\text{消費電力}}$

8-2 並列共振

Fig. 8-4 の R-L-C 並列回路において，合成アドミタンス $\dot{Y}$ は次式のように表すことができる。

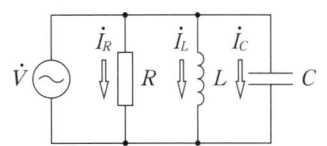

$$\dot{Y} = \frac{1}{R} + j\omega C + \frac{1}{j\omega L} \tag{8-10}$$

式 (8-10) を整理すると

$$\dot{Y} = \frac{C}{L}\left\{\frac{L}{RC} + j\left(\omega L - \frac{1}{\omega C}\right)\right\} \tag{8-11}$$

Fig. 8-4 並列共振回路

が得られる。式 (8-11) は，直列共振のときに示した式 (8-1) と同等である。したがって，直列共振と同じような議論が展開できる。

アドミタンス $\dot{Y}$ の虚数部分（サセプタンス）をゼロとして

$$\dot{Y} = \frac{1}{R} \tag{8-12}$$

のとき，アドミタンス $\dot{Y}$ は最小値となる。この回路の状態を**並列共振**状態と呼ぶ。並列共振時の角周波数 ω_0 および周波数 f_0 は

$$\omega_0 = \tag{8-13}$$

$$f_0 = \tag{8-14}$$

と示される。**並列共振時は直列共振と異なり，共振周波数 f_0 において電流が最小値となる。**

並列共振時の「各枝」に流れる電流は，それぞれ

$$\dot{I}_C = \tag{8-15}$$

$$\dot{I}_L = \tag{8-16}$$

$$\dot{I}_R = \tag{8-17}$$

となる。$\dot{I}_C$ と $\dot{I}_L$ の大きさは等しいが，逆位相のため打ち消し合っていることがわかる。

Problem 8-2　Fig. 8-4 の回路において，縦軸を全電流（絶対値），横軸を周波数とした並列共振特性の図を描け（Fig. 8-3 参照）。

Problem 8-3　0.2 H のインダクタと 30 μF のキャパシタが並列に接続されている。この回路に交流電源を加えたときの並列共振周波数を求めよ。

8-3　共振回路の一般的な応用例

共振が生じた場合は，インダクタンスやキャパシタンスに Q 倍の電圧上昇が生じることを式 (8-6)，(8-7) で示した。一般的な応用例としては，ラジオに代表される受信用の同調回路である。アンテナで受信した弱い電波の信号を共振回路で特定の周波数に共振させると，その周波数の電圧だけが Q 倍に拡大することになる。

その他，いくつかの異なった周波数成分を含む電源に対し，負荷側に特定の周波数成分の電流のみを流さないなど，「トラップ回路」としての応用もある。

Problem 8-4　Fig. 8-5 に示す回路の共振角周波数 ω_0 を求めよ。

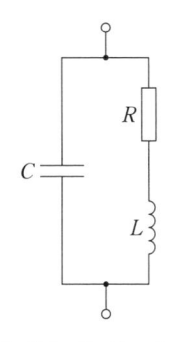

Fig. 8-5　Problem 8-4

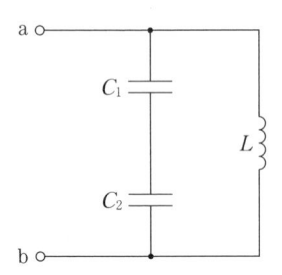

8. 共振回路

Exercises

Exercise 8-1 $R = 10\ \Omega$, $L = 10\ \text{mH}$, $C = 10\ \mu\text{F}$ の R-L-C 直列回路がある。この回路に $\dot{E} = 100 + j0\ \text{V}$ の電圧が加えられたときの共振周波数 f_0, 共振の鋭さ Q, 共振時に回路に流れる電流 $\dot{I}_0$, および共振時の R, L, C の各端子電圧 $\dot{V}_R$, $\dot{V}_L$, $\dot{V}_C$ を求めよ。

Exercise 8-2 Fig. 8-A に示す回路の共振条件（共振角周波数）を求めよ。

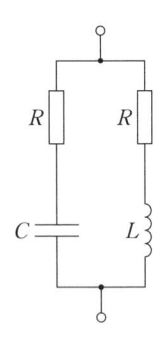

Fig. 8-A　Exercise 8-2

Exercise 8-3 R-L-C 並列共振回路における共振特性の「鋭さ」Q を導き出せ。

Exercise 8-4 Fig. 8-B の回路の並列共振周波数を求めよ。

Fig. 8-B　Exercise 8-4

Exercise 8-5　Fig. 8-C の回路の並列共振周波数を求めよ。

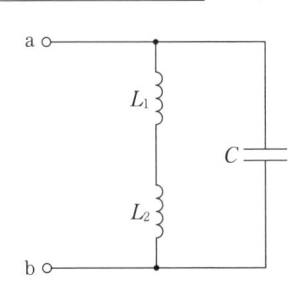

Fig. 8-C　Exercise 8-5

Exercise 8-6　Fig. 8-D は水晶発振回路に用いられる水晶振動子の等価回路である。a-b 間の合成インピーダンスを求め，R が無視できるほど小さい場合の直列共振周波数 f_s，および並列共振周波数 f_p を求めよ。また $C_2 \gg C_1$ のとき，$f_p = f_s\{1 + C_1/(2C_2)\}$ となることを示せ。

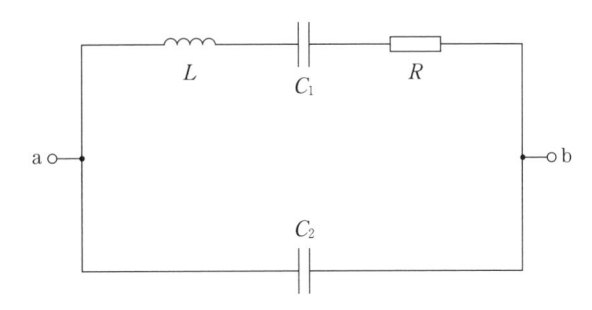

Fig. 8-D　Exercise 8-6

9章 交流電力

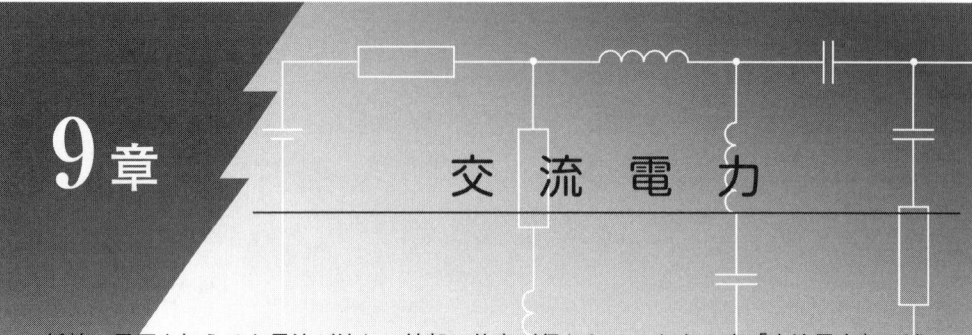

抵抗に電圧を加えると電流が流れ，外部に仕事が行われることを2章「直流電力」で述べた。交流も同様に外部に仕事をすることができる。電気エネルギーが単位時間当りにする仕事の大きさのことを電力と呼ぶが，ここでは交流電力と表現し，表現上，直流電力とは区別する。交流は時々刻々変化するために，その電力の数学的な取扱いも回路解析同様に多少複雑となる。本章では，まず瞬時電力について言及し，その後，実用上役に立つと思われる有効電力，無効電力，力率について述べていく。

9-1 瞬時電力

Fig. 9-1 の回路において，電源電圧の瞬時値を v，回路に流れる電流を i とし，それぞれ

$$v = V_m \sin \omega t \tag{9-1}$$

$$i = I_m \sin(\omega t + \phi) \tag{9-2}$$

で表したとする。ここで，ϕ は電圧と電流の位相差である。**瞬時電力**（instantaneous power）p は次式で示すことができる。

$$p = v\,i = V_m \sin \omega t \, I_m \sin(\omega t + \phi) \tag{9-3}$$

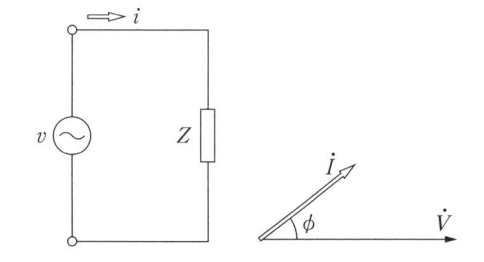

Fig. 9-1 交流回路とフェーザー表示

単位は直流と同様に〔W〕（ワット）である。

一般に交流回路において実用性の高い値は実効値であるので，実効値 V, I を用いて式 (9-3) を書き直すと

$$p = \sqrt{2}\, V \sqrt{2}\, I \sin \omega t \sin(\omega t + \phi) \tag{9-4}$$

となる。三角関数の公式を用いて，式 (9-4) を変形すると

$$p = VI \cos \phi (1 - \cos 2\omega t) + VI \sin \phi \sin 2\omega t \tag{9-5}$$

が得られる。

式 (9-1)，(9-2) で示した電圧，電流の角周波数は ω であったが，式 (9-5) に示す瞬時電力 p の角周波数は 2ω となっている。実用上は煩雑さを避けるため，9-2 節に示す**平均電力**（average power）を評価することが多い。

9-2 平均電力（交流電力）

瞬時電力の1周期 T 当りの平均値の大きさを平均電力という。式 (9-5) より，平均電力 P の大きさは次式のように示される。

$$P = \frac{1}{T}\int_0^T p\,dt \tag{9-6}$$

この式に式 (9-5) を代入し，積分を実行すると

$$P = VI\cos\phi \tag{9-7}$$

の解が得られる。式 (9-7) は**交流電力**あるいは後述する**有効電力**とも呼ばれる。

9-1 節にも述べたように，ϕ は電圧と電流の位相差であり，負荷の種類によって変化する。抵抗負荷の場合は電圧と電流の位相差はゼロ（同相）であり，式 (9-7) は

$$\tag{9-8}$$

となる。インダクタンスの場合には，式 (9-7) の ϕ に電圧と電流の位相差である $-\pi/2$ を代入して

$$\tag{9-9}$$

となり，平均電力はゼロとなる。キャパシタンスの場合は ϕ に $\pi/2$ を代入することになり

$$\tag{9-10}$$

インダクタンスと同様に平均電力がゼロとなる。

負荷がインダクタンスあるいはキャパシタンスのみの場合は，電流 I の大きさにかかわらず平均電力はゼロとなる。これは実用上，不便な場合があり，9-3 節で述べるリアクタンス用の無効電力を定義することで対応する。

Problem 9-1 式 (9-6) の積分を解き，式 (9-7) を得よ。

9-3 有効電力と無効電力

9-2節では，負荷が抵抗のみの場合とリアクタンスのみの場合の極端な条件について述べたが，現実にはそのような例は少ない．一般には，誘導性負荷（抵抗分と誘導リアクタンス分）か容量性負荷（抵抗分と容量リアクタンス分）について考えることになる．

9-3-1 容量性負荷（$\dot{Z}=R-j1/(\omega C)=R-jX_C$）の場合

Fig. 9-2 に，容量性負荷の場合の電源電圧 $\dot{V}$ に対する電流 $\dot{I}$ のフェーザー図を示す（電圧 $\dot{V}$ を基準としている）．$\dot{V}$ と $\dot{I}$ の位相差は ϕ であるので，$\dot{I}$ の先端から $\dot{V}$ に垂線を下ろし，$\dot{V}$ に平行な成分を I_P，垂直な成分を I_Q とする．I_P，I_Q の大きさはそれぞれ

$$I_P=|\dot{I}|\cos\phi \qquad (9\text{-}11)$$
$$I_Q=|\dot{I}|\sin\phi \qquad (9\text{-}12)$$

と示される．I_P を**有効電流**，I_Q を**無効電流**と呼ぶことがある．

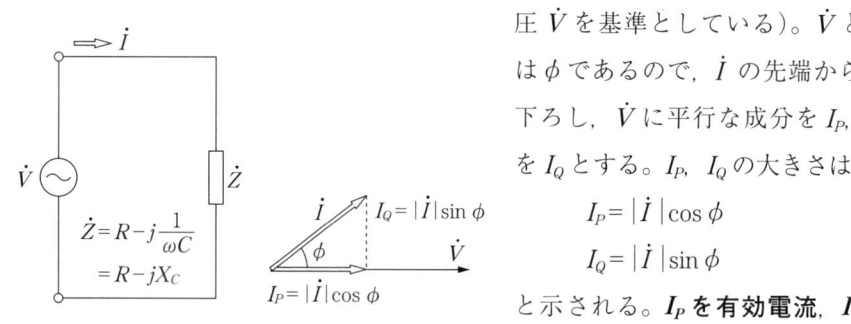

Fig. 9-2 容量性負荷の場合のフェザー図

電圧の実効値 V と I_P との積を P，V と I_Q の積を Q とすると，次式を得る．

$$P=VI_P=VI\cos\phi \qquad (9\text{-}13)$$
$$Q=VI_Q=VI\sin\phi \qquad (9\text{-}14)$$

ここで，P は**有効電力**（effective power），Q は**無効電力**（reactive power）と呼ばれるものである．式 (9-13) に示した有効電力 P は，式 (9-7) に示した平均電力と同じものである．したがって，有効電力の単位は〔W〕となる．一方，無効電力の単位には〔var〕が採用されている．

有効電力 P では電圧 V と I_P が同相であるが，無効電力 Q では I_Q が電圧 V に対して $\pi/2$ だけ位相が進んでいる．**有効電力 P はインピーダンス Z のなかの抵抗成分で消費される電力に相当する．無効電力 Q はリアクタンス成分に生じる電力に相当することとなり，エネルギーの消費ではなく，蓄積を意味する．**

9-3-2 誘導性負荷（$\dot{Z}=R+j\omega L=R+jX_L$）の場合

Fig. 9-3 に，誘導性負荷の場合のフェーザー図を 9-3-1 項と同様に示す．電源電圧 $\dot{V}$ と電流 $\dot{I}$ の位相差は $-\phi$ であるので，有効電力 P および無効電力 Q の大きさは次式のように示される．

$$P = VI\cos(-\phi) = VI\cos\phi \quad (9\text{-}15)$$
$$Q = VI\sin(-\phi) = -VI\sin\phi \quad (9\text{-}16)$$

有効電力 P は，負荷の種類にかかわらず（容量性負荷か誘導性負荷），つねに正の値となる。一方，無効電力は誘導性負荷の場合においては負の値をとることになる。平均電力の観点から考えると，リアクタンスに生じる電力はゼロとなるが，無効電力の概念を導入することにより，量として見積もることが可能となり，実用上は便利である（**Table 9-1**）。

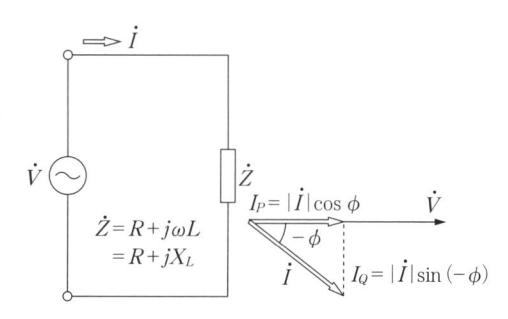

Fig. 9-3 誘導性負荷の場合のフェザー図

Table 9-1 交流電力

素　子	電力の消費・蓄積	消費の観点での数値表現
抵　抗	電力（エネルギー）を消費	有効電力
インダクタ キャパシタ	電力（エネルギー）を蓄積 （電磁エネルギーおよび静電エネルギー）	無効電力

9-4　皮相電力と力率

負荷の端子電圧の実効値の大きさを V，回路に流れる電流の実効値の大きさを I とすると，**皮相電力**（apparent power）P_a は，次式で示すことができる。

$$P_a = VI \quad (9\text{-}17)$$

皮相電力 P_a の単位には〔V·A〕または〔VA〕（ボルトアンペア）が用いられる（JIS では V·A と規定されているが，VA の表記も多く使用されている）。皮相電力は変圧器，各種電源装置，家電機器などの使用容量を表すものとして広く用いられている。有効電力，無効電力との関係から，式 (9-18) が導き出される。

$$P^2 + Q^2 = (VI\cos\phi)^2 + (VI\sin\phi)^2$$
$$= (VI)^2 \quad (9\text{-}18)$$

式 (9-17)，(9-18) からつぎの関係を見いだすことができる（**Fig. 9-4**）。

$$P_a^2 = P^2 + Q^2 \quad (9\text{-}19)$$

交流の電力を扱ううえでの実用量として**力率**（power factor）がある。力率（ここでは $P.F$ と表記する）は次式で定義される。

Fig. 9-4 電力，力率，インピーダンスの関係

力率 $\cos\phi = \dfrac{P}{P_a} = \dfrac{R}{Z}$

$$P.F = \frac{P}{P_a} \quad (9\text{-}20)$$

式 (9-20) の右辺に有効電力ならびに皮相電力の式を代入すると

$$P.F = \frac{P}{P_a} = \frac{VI\cos\phi}{VI} = \cos\phi \tag{9-21}$$

となり，力率は $\cos\phi$ で表されることがわかる。

一般に力率は1より小さく，実際に供給した電力よりも仕事の能率が劣る現象が生じる。電力系統（送電，配電など）では，力率をなるべく1に近づけるようにして電力損失を減らす工夫がなされている（力率改善という）。

また，力率はインピーダンス三角形（Fig. 9-4）を用いて，以下の式で求めることもできる。

$$P.F = \frac{P}{P_a} = \frac{R}{Z} = \cos\phi \tag{9-22}$$

実用的には，インピーダンス三角形よりただちに力率を求めるのが便利である。

Problem 9-2 Fig. 9-5 の回路において，皮相電力，有効電力，無効電力，力率の大きさを求めよ。ただし，電源の周波数を 60 Hz とする。

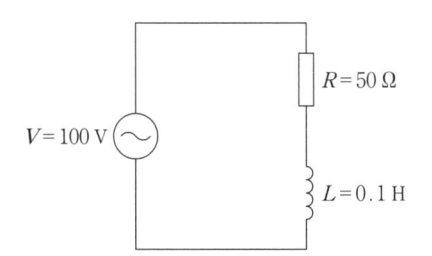

Fig. 9-5 Problem 9-2

Problem 9-3 Fig. 9-6 の回路において，負荷インピーダンスに並列にキャパシタンス C のキャパシタを接続すると，力率改善が図れる。力率を1に設定するための C の大きさを求めよ。

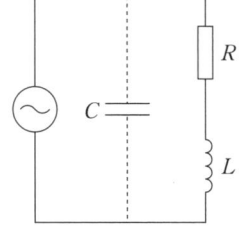

Fig. 9-6 Problem 9-3

9-5 回路素子における電力とエネルギー

瞬時電力を時間について積分したものが**エネルギー**（electric energy）である。時刻 $t=0$ から t までに回路素子（抵抗，インダクタ，キャパシタなど）に入ったエネルギー W は，次式で表される。

$$W = \int_0^t p\,dt \tag{9-23}$$

抵抗，インダクタ，キャパシタの回路素子については，それぞれ

$$W_R = \int_0^t (Ri)i\,dt \tag{9-24}$$

$$W_L = \int_0^t \left(L\frac{di}{dt}\right)i\,dt = \frac{1}{2}LI^2 \tag{9-25}$$

$$W_C = \int_0^t \left(C\frac{dv}{dt}\right)v\,dt = \frac{1}{2}CV^2 \tag{9-26}$$

となる。

インダクタでのエネルギー W_L，キャパシタでのエネルギー W_C は，それぞれ $i=0$，$v=0$ でエネルギーのやりとりが清算されることになる。したがって，**L，C はエネルギーを消費せずに蓄えるだけとなる**。エネルギー W_L を電磁（誘導）エネルギー，W_C を静電エネルギーなどと呼ぶことがある。

9-6 電 力 量

回路に電流が t 秒間だけ流れたときの電力の総量を**電力量**（electric energy）と呼ぶ。これは 9-5 節で述べたエネルギーと同意である。電力量は次式で示すことができる。

$$W = Pt \tag{9-27}$$

ここで，P は有効電力である。

私たちの生活における実用量として，有効電力と電力を消費した時間の積，すなわち

$$W\,[\text{kW·h}] = P\,[\text{kW}] \times t\,[\text{h}] \tag{9-28}$$

がなじみ深い。電気料金は [kW·h] を基本単位として算出されている。

Exercises

Exercise 9-1 **Fig**. 9-A の回路において，負荷抵抗 R_L の消費する電力の大きさが最大となる R_L の大きさを求めよ。

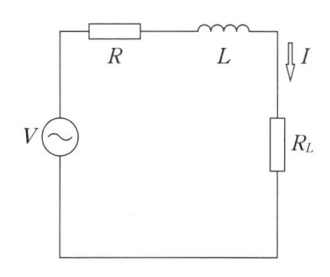

Fig. 9-A Exercise 9-1

9. 交流電力

Exercise 9-2 Table 9-A のように，消費電力（有効電力），皮相電力をもつ各種負荷を 100 V の交流電源に接続した。表の空白を埋めよ。

Table 9-A

負荷の種類	消費電力 P [W]	皮相電力 P_a [V·A]	力 率	回路に流れる電流 [A]
電 熱 器	800	800		
蛍 光 灯	70	100		
扇 風 機	60	80		
エアコン	600	800		

Exercise 9-3 Fig. 9-B のように，インピーダンスが Z_1, Z_2 の大きさをもつ二つの負荷に，$V=100$ V の大きさの電圧が加えられたとき，各負荷に流れる電流の大きさおよび力率の大きさはつぎのようになった。

$$I_1 = 5\text{ A}, \quad \cos\phi_1 = 0.8 \quad (遅れ位相)$$
$$I_2 = 10\text{ A}, \quad \cos\phi_2 = 0.6 \quad (進み位相)$$

この負荷全体の有効電力，無効電力，力率，および全電流 I の大きさを求めよ。ただし，遅れ位相とは電圧に対して電流の位相が遅れている状態を示し，進み位相はその逆である。

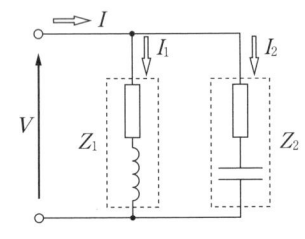

Fig. 9-B Exercise 9-3

Exercise 9-4 3電圧計法（三つの電圧計を用いて交流電力を測定する方法）を調べよ。

Exercise 9-5 ある回路の電源電圧および電流が，それぞれフェーザー表示で $\dot{V}=30\,e^{-j\frac{\pi}{6}}$, $\dot{I}=5\,e^{-j\frac{\pi}{3}}$ と表されるとき，この回路の有効電力および力率を求めよ。

Exercise 9-6 内部インピーダンス $Z_i=15+j30$ [Ω]，起電力 100 V の交流電源に負荷インピーダンス Z_L が接続されている。この負荷に供給される電力が最大となるときの負荷インピーダンス，およびその最大電力を求めよ。

10章 三相回路

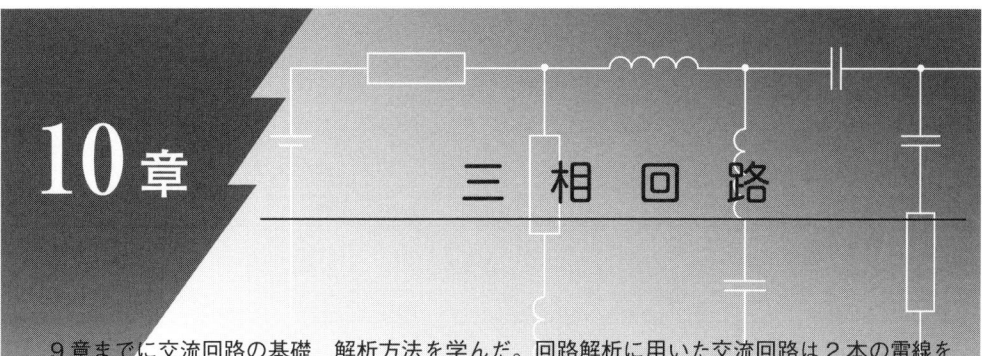

9章までに交流回路の基礎，解析方法を学んだ。回路解析に用いた交流回路は2本の電線を用いて電流を流すものであり，一般に単相交流回路と呼ばれている。

工場，大型ショッピングセンターなど，多量の電力を消費するところでは3本の電線を使った三相交流が用いられることが多い。三相交流は単相交流に比べて優れた特長を有しており，発電所からの送電，配電などにも使用されている。本章では三相交流の性質と回路解析手法について述べる。

10-1 三相交流

3組の交流電源があり，たがいに $2\pi/3$ ずつの位相差で，大きさおよび周波数が等しい場合，この3組の交流を**対称三相交流**（symmetrical three-phase AC）と呼ぶ。一般には単に**三相交流**（three-phase AC）と呼ばれることが多い。各組（各相という表現が一般的である）の実効値の大きさや位相が異なる場合は**非対称三相交流**（asymmetrical three-phase AC）と呼ばれる。本章では，対称三相交流を扱うことにする。三相交流に対して，いままで学んできた2本の電線を使用する（一相の交流を使う）場合を**単相交流**（single-phase AC）という。

10-1-1 三相交流電源の表し方

三つの交流電源 $e_a \sim e_c$ を考える。e_a の初期の位相をゼロとし，各相の起電力を次式で表す。

$$e_a = \sqrt{2}\,E \sin \omega t \tag{10-1}$$

$$e_b = \sqrt{2}\,E \sin\left(\omega t - \frac{2}{3}\pi\right) \tag{10-2}$$

$$e_c = \sqrt{2}\,E \sin\left(\omega t - \frac{4}{3}\pi\right) \tag{10-3}$$

それぞれの相が，たがいに $2\pi/3$ ずつの位相差をもつことが式 (10-1)〜(10-3) よりわかる。フェーザー表示すると

10. 三相回路

$$\dot{E}_a = E e^{j0} \tag{10-4}$$

$$\dot{E}_b = E e^{-j\frac{2}{3}\pi} \tag{10-5}$$

$$\dot{E}_c = E e^{-j\frac{4}{3}\pi} \tag{10-6}$$

となる．式 (10-4)～(10-6) の和は

$$E e^{j0} + E e^{-j\frac{2}{3}\pi} + E e^{-j\frac{4}{3}\pi} \tag{10-7}$$

であり，これと解くと

$$\dot{E}_a + \dot{E}_b + \dot{E}_c = 0 \tag{10-8}$$

が示され，対称三相交流起電力の和はゼロとなる．これは三相交流電源が 3 本の線で三つの負荷と接続可能なことを意味している．

式 (10-1)～(10-3) で示した起電力の位相は $e_a \to e_b \to e_c$ の順番で $2\pi/3$ ずつ位相が遅れている．この順番を**相順**（phase sequence）という．**Fig. 10-1** に三相交流電源波形を示す．

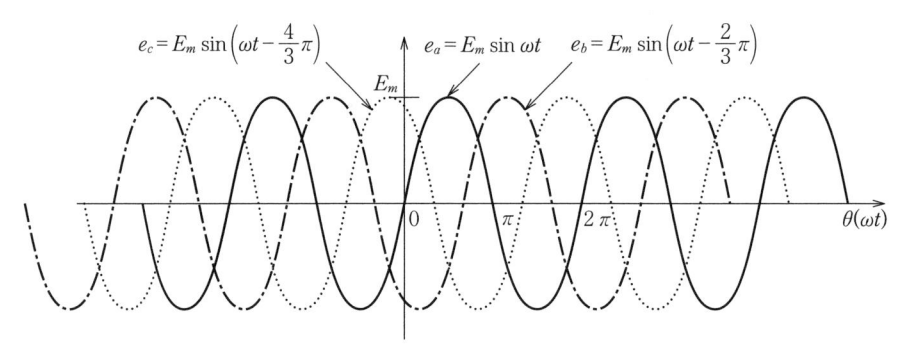

Fig. 10-1 三相交流起電力

10-1-2 対称三相交流回路

各相の電流とインピーダンスを **Fig. 10-2** に示すように定めたとき，キルヒホッフの法則より，つぎの閉回路方程式が成立する．

$$\dot{I}_a + \dot{I}_b + \dot{I}_c = \dot{I}_N \tag{10-9}$$

$$\dot{Z}_a \dot{I}_a + \dot{Z}_N \dot{I}_N = \dot{E}_a \tag{10-10}$$

$$\dot{Z}_b \dot{I}_b + \dot{Z}_N \dot{I}_N = \dot{E}_b \tag{10-11}$$

$$\dot{Z}_c \dot{I}_c + \dot{Z}_N \dot{I}_N = \dot{E}_c \tag{10-12}$$

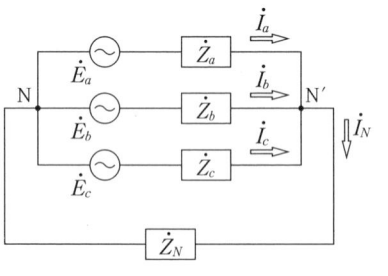

Fig. 10-2 三相交流回路

これらの式から，$\dot{I}_N$ を消去すると，つぎの三つの式が得られる．

$$\boxed{} = \dot{E}_a \tag{10-13}$$

10-1 三相交流

$$\boxed{} = \dot{E}_b \tag{10-14}$$

$$\boxed{} = \dot{E}_c \tag{10-15}$$

各相の電流 $\dot{I}_a$, $\dot{I}_b$, $\dot{I}_c$ はクラメールの解法を用いると，つぎのようになる。

$$\dot{I}_a = \frac{1}{\Delta} \begin{vmatrix} \dot{E}_a & \dot{Z}_N & \dot{Z}_N \\ \dot{E}_b & \dot{Z}_b + \dot{Z}_N & \dot{Z}_N \\ \dot{E}_c & \dot{Z}_N & \dot{Z}_c + \dot{Z}_N \end{vmatrix} \tag{10-16}$$

$$\dot{I}_b = \boxed{} \tag{10-17}$$

$$\dot{I}_c = \boxed{} \tag{10-18}$$

ここで

$$\Delta = \begin{vmatrix} \dot{Z}_a + \dot{Z}_N & \dot{Z}_N & \dot{Z}_N \\ \dot{Z}_N & \dot{Z}_b + \dot{Z}_N & \dot{Z}_N \\ \dot{Z}_N & \dot{Z}_N & \dot{Z}_c + \dot{Z}_N \end{vmatrix} \tag{10-19}$$

である。

さらに，ここで負荷がすべて同一であるとし，対称三相交流電源を仮定する。条件は以下のようになる。

$$\dot{E}_a + \dot{E}_b + \dot{E}_c = 0 \tag{10-20}$$

$$\dot{Z}_a = \dot{Z}_b = \dot{Z}_c \equiv \dot{Z}_T \tag{10-21}$$

この条件下で電流 $\dot{I}_a \sim \dot{I}_c$ および $\dot{I}_N$ を計算すると，つぎの結果を得ることができる。

$$\dot{I}_a + \dot{I}_b + \dot{I}_c = 0, \qquad \dot{I}_N = 0 \tag{10-22}$$

$$\dot{I}_a = \frac{\dot{E}_a}{\dot{Z}_T} \tag{10-23}$$

$$\dot{I}_b = \frac{\dot{E}_b}{\dot{Z}_T} \tag{10-24}$$

$$\dot{I}_c = \frac{\dot{E}_c}{\dot{Z}_T} \tag{10-25}$$

式 (10-22) はインピーダンス $\dot{Z}_N$ の大きさに関係なく，回路中の端子 N-N′ に電流が流れないことを意味している。**この結果は，対称三相交流電源が 3 本の線で三つの負荷に電力供給可能であることを示している。**接点 N および N′ を**中性点**（nutral point）という。

10. 三相回路

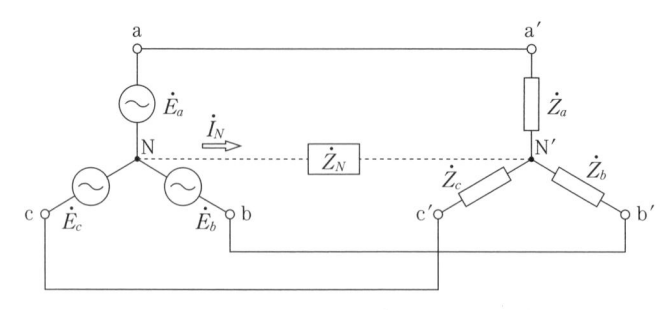

Fig. 10-3 対称三相交流回路（Y形電源とY形負荷）

これらの結果を受けて，**Fig. 10-3** に Fig. 10-2 の等価回路を示す。

Fig. 10-3 は「回路の形状」から「Y形電源とY形負荷で構成された回路」と呼ぶことができる。対称三相交流電源の代表的な結線方法としては，Y形結線（ワイ形，スター形という）とΔ形結線（デルタ形という）があげられる。これらに対しての対称な負荷にもY形負荷とΔ形負荷がある。Δ-Y変換を用いれば，たがいに変換可能である。三相回路におけるそれぞれの結線図を **Fig. 10-4** に示す。また，**Table 10-1** にはY形およびΔ形の対称三相交流

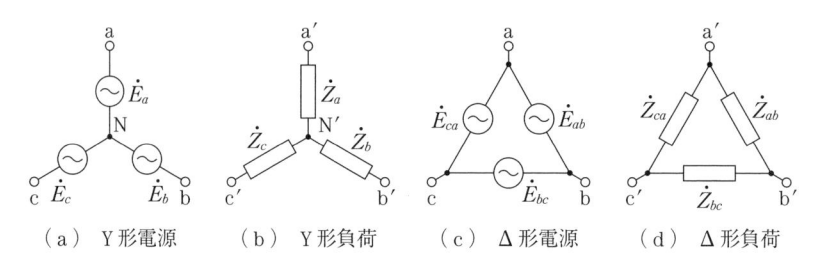

（a）Y形電源　（b）Y形負荷　（c）Δ形電源　（d）Δ形負荷

Fig. 10-4 対称な三相交流電源と負荷

Table 10-1 対称三相交流電源の結線図（Y形およびΔ形）とフェーザー図

	結線図	フェーザー図
Y形結線		$2\pi/3$
Δ形結線		$2\pi/3$, $\pi/3$

電源の結線図とそれらのフェーザー図を示す。

10-1-3 三相交流回路の電圧と電流

三相交流電源における電圧，電流の「名称」をここで整理する（**Fig. 10-5**）。Y形結線では，電圧 $E_a \sim E_c$ を**相電圧**（phase voltage），$E_{ab} \sim E_{ca}$ を**線間電圧**（line voltage）と呼ぶ。電源から流れ出る電流 $I_a \sim I_c$ を**相電流**（phase current）という。これらは線路を流れる**線電流**（line current）に等しくなる。

Δ形結線においては，電圧 $E_{ab} \sim E_{ca}$ が「相電圧」であり，これらは「線間電圧」に等しい。「相電流」は $I_{ab} \sim I_{ca}$ であり，$I_a \sim I_c$ が「線電流」となる。

上記をまとめると

Y形結線では，**相電流 = 線電流，　相電圧 ≠ 線間電圧**

Δ形結線では，**相電流 ≠ 線電流，　相電圧 = 線間電圧**

となる。

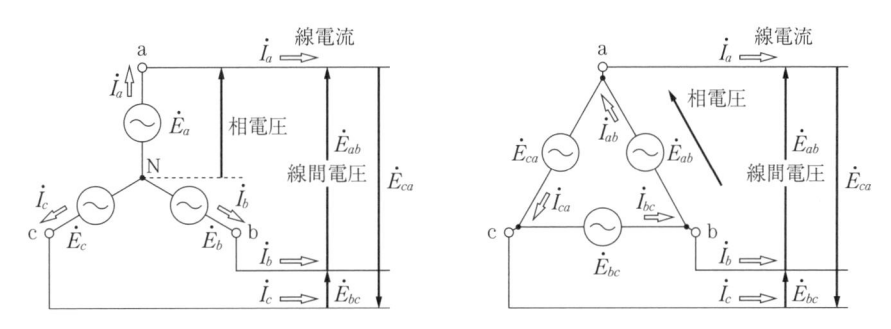

Fig. 10-5 対称三相交流電源のY形結線とΔ形結線

10-2　三相交流回路における電圧，電流，電力の解析

10-2-1　Y形結線における電圧，電流，電力

Fig. 10-6 にY形結線での対称三相交流回路図を示す（Y-Y結線と呼ぶ）。Y-Y結線においては，電源からの相電流がそのまま線路に流れる。したがって，**線電流は相電流に等しくなる**。線間電圧 $E_{ab} \sim E_{ca}$ はそれぞれつぎのように表すことができる。

$$\dot{E}_{ab} = \dot{E}_a - \dot{E}_b = E_p e^{j0} - E_p e^{-j\frac{2}{3}\pi} = \sqrt{3}\ E_p e^{j\frac{\pi}{6}} \tag{10-26}$$

$$\dot{E}_{bc} = \dot{E}_b - \dot{E}_c = \sqrt{3}\ E_p e^{-j\frac{\pi}{2}} \tag{10-27}$$

$$\dot{E}_{ca} = \dot{E}_c - \dot{E}_a = \sqrt{3}\ E_p e^{-j\frac{7}{6}\pi} \tag{10-28}$$

三つの相電圧の大きさが等しいことから（$E_a = E_b = E_c$），ここでは相電圧の大きさをすべ

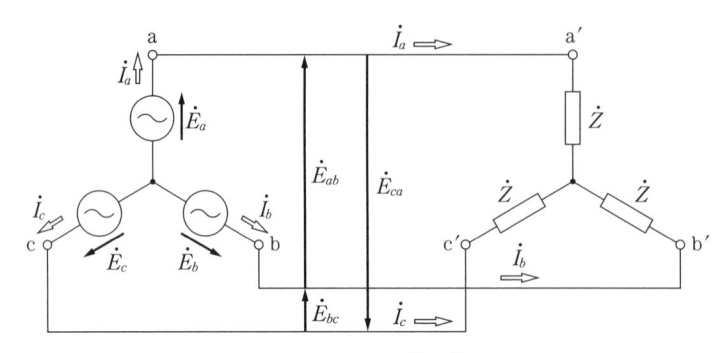

Fig. 10-6 Y-Y 結線

て E_p として表現している。式 (10-26)～(10-28) より，相電圧と線間電圧の位相差は $\pi/6$ となることがわかる。さらに，簡単な計算およびフェーザー図（Problem 10-2 で取り組む）により，線間電圧どうしがそれぞれ $2\pi/3$ の位相差をもつことも示すことができる。

また，線間電圧の大きさを E_l で表すと，式 (10-26)～(10-28) より，相電圧との関係はつぎのようになる。

$$E_l = \sqrt{3}\ E_p \tag{10-29}$$

相電流は，インピーダンス $\dot{Z}$ の大きさが各相とも等しければ $I_a = I_b = I_c$ であり，これを I_p とすると，以下のように表現できる。

$$\dot{I}_p = \frac{\dot{E}_p}{\dot{Z}} \tag{10-30}$$

上の式に式 (10-29) を代入して，線電流の大きさを I_l で表すと，以下の関係が得られる。

$$\left|\dot{I}_l\right| = I_l = I_p = \frac{E_p}{Z} = \frac{E_l}{\sqrt{3}\ Z} \tag{10-31}$$

負荷で消費される一相分の電力 P' は，負荷の力率を $\cos\phi$ として

$$P' = E_p I_p \cos\phi \tag{10-32}$$

である。したがって，三相電力 P は

$$P = 3\,P' = 3\,E_p I_p \cos\phi \tag{10-33}$$

となる。式 (10-33) を，線間電圧の大きさ E_l と線電流の大きさ I_l で表現し直すと

$$P = \sqrt{3}\ E_l I_l \cos\phi \tag{10-34}$$

となる。

実用上，三相交流回路においては，線間電圧と線電流を用いて回路解析を行う場合が多く，**式 (10-34) を三相電力の一般公式として記憶しておくのがよい。**

Problem 10-1 対称三相 Y-Y 結線において，線間電圧が $100\sqrt{3}$ V，負荷に流れる相電流が 20 A であった。負荷の力率が 0.6 であった場合，相電圧，線電流，および三相電力の大きさを求めよ。

10-2 三相交流回路における電圧，電流，電力の解析

Problem 10-2 Fig. 10-6 の Y-Y 結線において，線間電圧，相電圧，線電流，相電流の関係をフェーザー図で示せ。ただし，負荷の力率を $\cos\phi$ とし，遅れ力率の負荷がつながっていることを想定せよ（電圧に対して電流の位相が遅れる）。

10-2-2 Δ形結線における電圧，電流，電力

Δ形結線においては，それぞれの**相電圧と線間電圧が等しい**（**Fig. 10-7**）。相電流は

$$\dot{I}_{ab} = \frac{\dot{E}_{ab}}{\dot{Z}}, \qquad \dot{I}_{bc} = \frac{\dot{E}_{bc}}{\dot{Z}}, \qquad \dot{I}_{ca} = \frac{\dot{E}_{ca}}{\dot{Z}} \tag{10-35}$$

となる。線電流 $I_a \sim I_c$ は，それぞれ

$$\dot{I}_a = \dot{I}_{ab} - \dot{I}_{ca} \tag{10-36}$$

$$\dot{I}_b = \dot{I}_{bc} - \dot{I}_{ab} \tag{10-37}$$

$$\dot{I}_c = \dot{I}_{ca} - \dot{I}_{bc} \tag{10-38}$$

と示される。相電流と線電流の大きさがすべて等しいとして（対称三相交流），それぞれ I_p，I_l とおくと，相互の関係は次式のようになる（Problem 10-3 で確かめよ）。

$$I_l = \sqrt{3}\, I_p \tag{10-39}$$

Δ形結線の場合の線電流 I_l は相電流 I_p の $\sqrt{3}$ 倍になり，I_l は相対応する I_p よりも $\pi/6$ 位相が遅れることになる（これも Problem 10-3 で確かめよ）。また，おのおのの I_l は $2\pi/3$ ずつの位相差をもつことになる。

相電流 I_p は，インピーダンス Z の大きさが各相とも等しいとして，以下のように表すことができる。

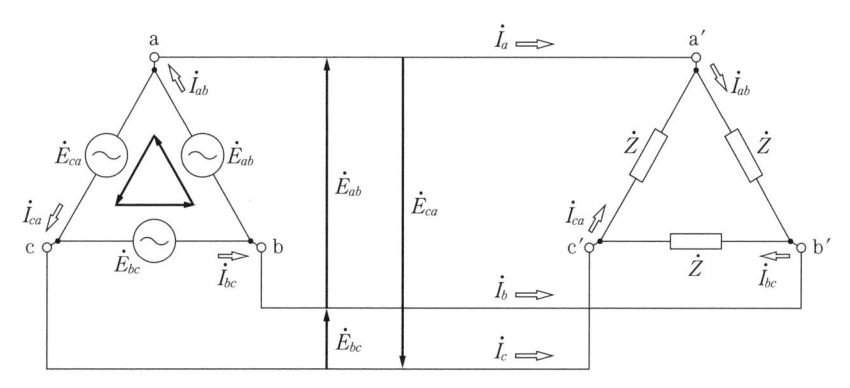

Fig. 10-7 Δ-Δ 結線

$$I_p = \frac{E_p}{Z} \tag{10-40}$$

ここで，E_p は相電圧である。三相電力は

$$P = 3 E_p I_p \cos\phi \tag{10-41}$$

であり，線間電圧，線電流で表現すると

$$P = \sqrt{3}\, E_l I_l \cos\phi \tag{10-42}$$

となる。三相電力はY形結線の場合と同様の結果となっている。**三相電力を線間電圧，線電流で表現すれば，結線方法に関係なく式 (10-42) を用いればよく**，一般的な「公式」として利用することができる。

Problem 10-3 Fig. 10-7 の Δ-Δ 結線において，線間電圧，相電圧，線電流，相電流の関係をフェーザー図で示せ。ただし，負荷の力率を $\cos\phi$ とし，進み力率の負荷がつながっていることを想定せよ（電圧に対して電流の位相が進む）。

Problem 10-4 Fig. 10-7 の Δ-Δ 結線において，負荷のインピーダンス $\dot{Z}$ が $30 + j40\,\Omega$ であった。線間電圧の大きさが 100 V のときの相電流と線電流の大きさを求めよ。

Problem 10-5 $\dot{Z} = 4 + j3\,\Omega$ のインピーダンスをΔ形結線にしたときの相電流と，Y形結線にしたときの相電流の大きさを求めよ。ただし，電源側の線間電圧の大きさを 100 V とする。

Problem 10-6 インピーダンスの Δ-Y 変換について，各自まとめよ。

10-4 三相交流回路の電力計算   99

Problem 10-7 Fig. 10-8 の対称三相交流回路（Y-Δ結線）において，線電流，負荷に流れる相電流，および線間電圧の大きさを求めよ。$E_a = E_b = E_c = 100$ V，$\dot{Z} = 24 + j18\,\Omega$ とする。

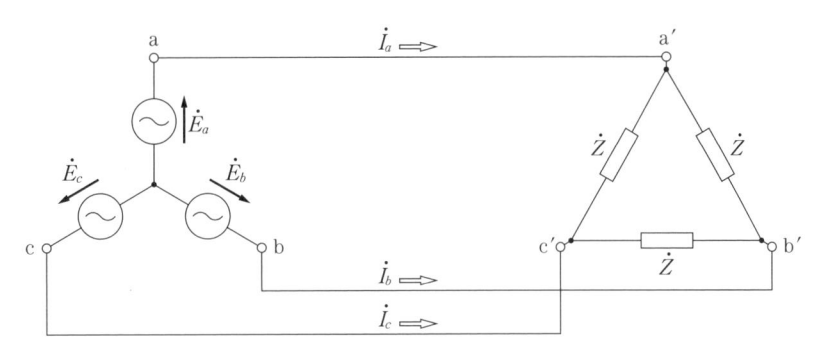

Fig. 10-8　Y-Δ 結 線

10-3　非対称三相交流回路の考え方

　非対称三相交流回路は，対称三相回路のように単相交流と同じ取扱いができず，回路解析はきわめて複雑なものとなる。

　通常，三相交流回路では電源は対称三相電圧を発生すると考えてよく，負荷が一般には非対称となる。相ごとにキルヒホッフの法則を適用して回路解析を行うが，非常に複雑なものとなり，ここでは詳しく触れない。

　非対称三相交流回路の計算は，フェーザー図を使うことで容易になる。例えば，非対称三相電流をフェーザー図上で分解し，単純な単相回路と対称三相回路の計算に置き換え，計算後に合成するなどの方法が考えられる。電源が非対称である場合も，同じ考え方で対応可能となる。詳しくは上級向けのテキストなどを参照すること。

10-4　三相交流回路の電力計算

　三相交流回路の電力は，10-2 節で示したように，一般に以下のように表現できる。

$$P = \sqrt{3}\ E_l I_l \cos\phi \tag{10-43}$$

ここで，E_l は線間電圧，I_l は線電流，$\cos\phi$ は力率である。この関係は電源および負荷がY結線，Δ結線にかかわらず成立するものである（ただし，ϕ は相電圧と相電流の位相差であり，インピーダンスの偏角でもある）。三相電力を線間電圧，線電流で表現する理由は，線間電圧，線電流が負荷や電源の結線状態に関係なく容易に測定できるからである。

　単相交流における電力（単相電力）と，三相交流における電力（三相電力）の比較検討を

10. 三相回路

ここで行う。電圧 E_p, 電流 I_p の単相電力は

$$P = E_p I_p \cos \phi \tag{10-44}$$

であった。例えばY-Y結線三相交流回路において，各相の相電圧と相電流がそれぞれ単相交流と同じ電圧 E_p，電流 I_p であったとすれば，三相電力は次式で表すことができる。

$$P = 3 E_p I_p \cos \phi \tag{10-45}$$

三相交流回路は3本の電線を使って電力を供給するが，式 (10-45) は，単相の1.5倍の電線量で3倍の電力供給が可能であることを示している（単相で必要な電線は2本なので，三相はその1.5倍の電線量）。電力伝送には，三相回路方式を用いるほうが経済的で，しかも効率的であることがわかる。

現実に交流電力の発生や送電，配電のほとんどにおいて三相交流が用いられている。電力伝送においての損失が単相に比べて小さく，かつ，送電線の節約にもつながるからである。また，電気機器などの講義で明らかになるように，三相交流は「回転磁界」の発生が容易でモータの制御などに利用しやすく，このことも電力分野で盛んに用いられる理由の一つとなっている。

Problem 10-8 線間電圧が100 V，線電流が5 A，負荷の力率が0.6の対称三相回路の電力を求めよ。

Problem 10-9 単相交流方式による送電に比べて，三相交流による送電では送電線の損失が小さい。**Fig**. 10-9 より，単相方式および三相方式によるそれぞれの送電損失と消費電力を求め，損失の低減において，三相方式が単相方式より優れていることを示せ。ただし，R_l は送電線1本の抵抗である。

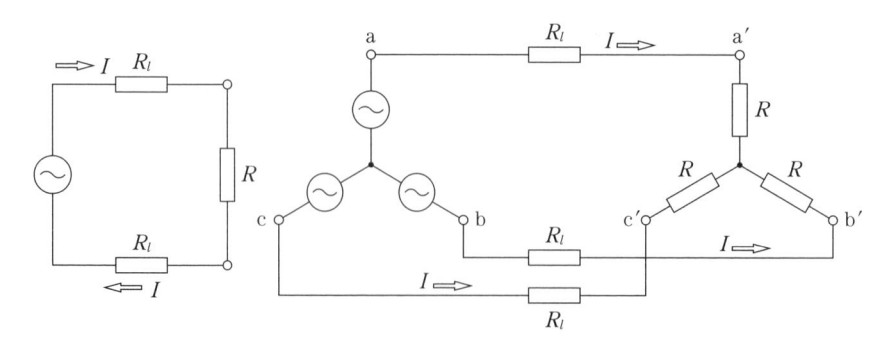

Fig. 10-9 Problem 10-9

Exercises

Exercise 10-1 対称三相負荷において，線間電圧 100 V，消費電力 1 kW，力率 0.6 であるとき，線電流を求めよ．

Exercise 10-2 Y形結線された対称三相負荷に，線間電圧 100 V の対称三相交流電圧を加えた．負荷のインピーダンスを $\dot{Z}=3+j4\,\Omega$ とする．つぎの問いに答えよ．

（1） 線電流の大きさを求めよ．

（2） 負荷の相電圧の大きさを求めよ．

（3） 負荷の力率を求めよ．

（4） 負荷の三相電力（有効電力），皮相電力，無効電力を求めよ．

Exercise 10-3 対称三相交流回路の Δ 形結線された負荷に流れる相電流を，おのおの（フェーザー表現で）$\dot{I}_{ab}=j100$，$\dot{I}_{bc}=50\sqrt{3}-j50$，$\dot{I}_{ca}=-50\sqrt{3}-j50$ とする．この場合の各線電流が対称三相電流をなし，かつ，その大きさは相電流の $\sqrt{3}$ 倍で，各相電流との位相差が $\pi/6$ となることを示せ．

Exercise 10-4 実効値 100 V の相電圧が印加された Δ-Δ 結線の対称三相交流回路において，30 Ω の抵抗，50 Ω の誘導リアクタンス，20 Ω の容量リアクタンスを直列に接続したものを各相の負荷とする場合，負荷の相電流と線電流を求めよ．

Exercise 10-5 対称三相交流回路において，線間電圧が 500 V，線電流が 30 A，力率が 70 % の場合の有効電力および無効電力を求めよ．

11章 回路に関する諸定理と公式

4章において，直流回路における重ね合わせの理，テブナンの定理など，回路の諸定理・公式を学んだ。これらの諸定理は交流回路においても，そのまま適用できる。

11-1　重ね合わせの理

重ね合わせの理（4章参照）を再び文章で表現する。

「複数の電圧源，電流源が一つの電気回路に接続されている場合，各電源（電圧源，電流源）がそれぞれ単独で存在している状態で回路解析を行い，それぞれの結果の総和を求めることで全体の回路解析を行うことができる。ただし，ある一つの電源に対して回路解析を行う場合，他の電源については，電圧源の場合は短絡し，電流源の場合は開放して取り除く」

交流回路の場合，電圧，電流に位相差が生じるため，直流回路に比べて解析が多少複雑となるが，基本的な考え方はまったく同じである。

Problem 11-1　Fig. 11-1の回路において，抵抗R_1に流れる電流$\dot{I}$を，重ね合わせの理を用いて求めよ。

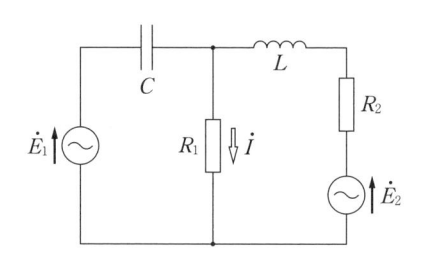

Fig. 11-1　Problem 11-1

Problem 11-2　Fig. 11-2の回路において，インダクタLに流れる電流$\dot{I}$を，重ね合わせの理を用いて求めよ。

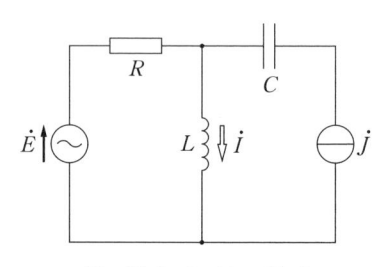

Fig. 11-2　Problem 11-2

11-2 テブナンの定理

テブナンの定理は，直流回路においてすでに学んだように，**回路網を内部インピーダンスを含む等価電源に置き換えて解析**する方法を与える。テブナンの定理は交流回路にも適用でき，基本的な考え方は直流回路とまったく同じである（基本事項については4章参照）。

Fig. 11-3 を参照し，テブナンの定理を文章で表現し直すと，以下のようになる。

「回路網中の任意の2端子間 a-b に現れる電圧を $\dot{V}_i$ とすれば，この2端子間にインピーダンス $\dot{Z}_L$ を接続した場合，$\dot{Z}_L$ に流れる電流は以下のように示される。

$$\dot{I}_L = \frac{\dot{V}_i}{\dot{Z}_i + \dot{Z}_L} \tag{11-1}$$

ここで，$\dot{Z}_i$ は端子 a-b から見た回路網の合成インピーダンスである（ただし，回路網中に含まれるすべての起電力において，電圧源は短絡し，電流源の場合は開放してインピーダンスを求める）」

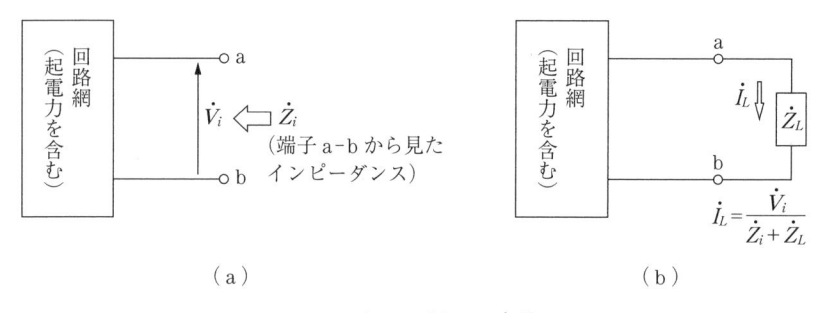

Fig. 11-3　テブナンの定理

直流回路で学んだ際に言及したように，テブナンの定理は，非常に複雑な回路網において特定の負荷インピーダンスに流れる電流を解析するのに便利である。内部インピーダンス $\dot{Z}_i$ をもつ電圧源 $\dot{V}_i$ に，負荷インピーダンス $\dot{Z}_L$ がつながれている等価回路をイメージすることになる。

テブナンの定理を用いた回路解析の手法を，以下にまとめておく（Fig. 11-3 を参照しながら読むこと）。

① 解析の対象部分となる負荷インピーダンス $\dot{Z}_L$ を取り外す
② 取り外した端子（端子 **a-b** とする）から電源を含む回路を見たときの合成インピーダンス $\dot{Z}_i$ を求める
③ 端子 **a-b** に現れる電圧を求める（端子電圧 $\dot{V}_i$）
④ 負荷インピーダンス $\dot{Z}_L$ に流れる電流 $\dot{I}_L$ を式 (11-1) を用いて求める（テブナンの定

理の適用）

Problem 11-3 Fig. 11-4 の回路において，負荷抵抗 R_L に流れる電流 I_L を，テブナンの定理を用いて求めよ。

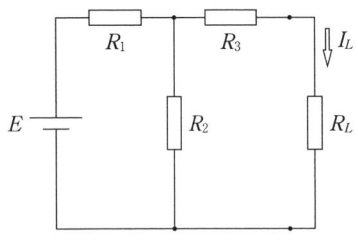

Fig. 11-4　Problem 11-3

Problem 11-4 Problem 11-2 で示した Fig. 11-2 の回路において，インダクタ L に流れる電流を，テブナンの定理を用いて求めよ。

Problem 11-5 Problem 11-1 で示した Fig. 11-1 の回路において，抵抗 R_1 に流れる電流を，テブナンの定理を用いて求めよ。

11-3　ノートンの定理

テブナンの定理の説明で用いた Fig. 11-3（a）を等価回路で表すと，**Fig**. 11-5 になる。この Fig. 11-5 は，**Fig**. 11-6 とも等価であることがわかる。

Fig. 11-6 を**ノートンの定理**（Norton's theorem）の説明に用いる。ノートンの定理は**回路網を内部アドミタンスを含む等価電源に置き換えて解析**する手法である。

Fig. 11-7 を参照し，ノートンの定理を表現すると以下のようになる。

端子 a–b を短絡したときに流れる電流を $\dot{I}_i$，端子 a–b から見たアドミタンスを $\dot{Y}_i$（回路網中に含まれるすべての起電力は除くこと，電圧源は短絡，電流源は開放）としたとき，端子 a–b に負荷アドミタンス $\dot{Y}_L$ をつないだ場合の端子電圧 $\dot{V}_L$ は

$$\dot{V}_L = \frac{\dot{I}_i}{\dot{Y}_i + \dot{Y}_L} \tag{11-2}$$

11-3 ノートンの定理

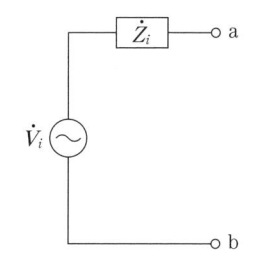

Fig. 11-5 Fig. 11-3(a)の等価回路

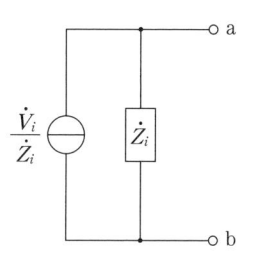

Fig. 11-6 Fig. 11-5の等価回路

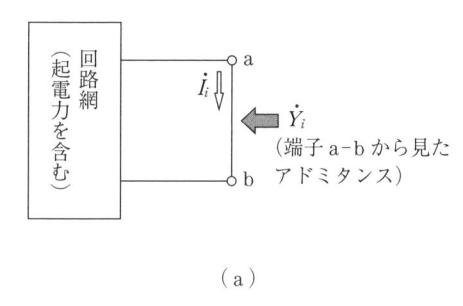

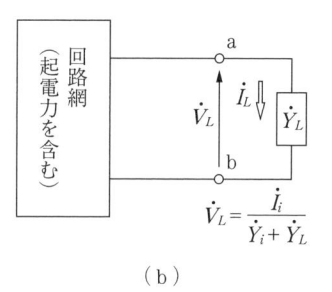

Fig. 11-7 ノートンの定理

となる。負荷電流 $\dot{I}_L$ で書き直すと

$$ \tag{11-3}$$

である。

回路解析の手法を以下にまとめておく（Fig. 11-7 を参照しながら読むこと）。

① 解析の対象部分となる負荷アドミタンス $\dot{Y}_L$ を取り外す
② 端子 a–b を短絡したときに a–b 間を流れる電流を求める（短絡電流 $\dot{I}_i$）
③ 取り外した端子（端子 a–b とする）から電源を含む回路を見たときの合成アドミタンス $\dot{Y}_i$ を求める
④ 負荷アドミタンス $\dot{Y}_L$ の両端に現れる電圧 $\dot{V}_L$ を式（11-2）を用いて求める（ノートンの定理の適用）

ノートンの定理は，内部アドミタンス $\dot{Y}_i$ をもつ電流源 $\dot{I}_i$ に負荷アドミタンス $\dot{Y}_L$ がつながれている等価回路をイメージすることになる。

Problem 11-6 Fig. 11-8 の回路において，端子 a-b にキャパシタを接続した際に発生する端子 a-b 間の電圧 $\dot{V}_C$ を，ノートンの定理を用いて求めよ。

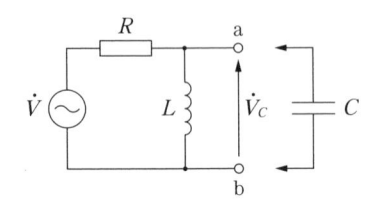

Fig. 11-8 Problem 11-6

Problem 11-7 ミルマンの定理 (Millman's theorem) について各自調べよ。

11-4 交流ブリッジ回路

ブリッジの原理は交流回路においても適用できる。交流ブリッジは抵抗，インダクタ，キャパシタの回路定数やインピーダンス全体の測定が可能である。

Fig. 11-9 のように，ホイートストンブリッジ (3-5 節参照) の 4 辺にインピーダンスを接続し，a-b 間に交流電源，c-d 間に電流を検出するための**検出器** (detector) を接続する。直流回路で学んだのと同様に，このブリッジが平衡すると，c-d 間の電位差はゼロになり，検出器で電流は検知されない。ブリッジの上辺 ($\dot{Z}_1$, $\dot{Z}_4$) に流れる電流を $\dot{I}_1$，下辺 ($\dot{Z}_2$, $\dot{Z}_3$) の電流を $\dot{I}_2$ とすると

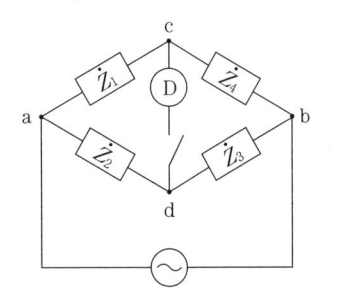

$$\quad (11\text{-}4)$$

Fig. 11-9 ホイートストンブリッジ回路

となる。したがって，ブリッジが平衡するための条件をインピーダンスで表すと

$$\quad (11\text{-}5)$$

となる。

一般に，インピーダンスは抵抗成分とリアクタンス成分を含んでいるので，直流回路のときのように抵抗のみの調整で平衡させるのとは異なり，操作が複雑になる。交流ブリッジはさまざまな形があり，測定目的によって使い分けられている。

Problem 11-8 **Fig.** 11-10 の回路において，ブリッジが平衡している。インダクタンス L と抵抗 r を求めよ。

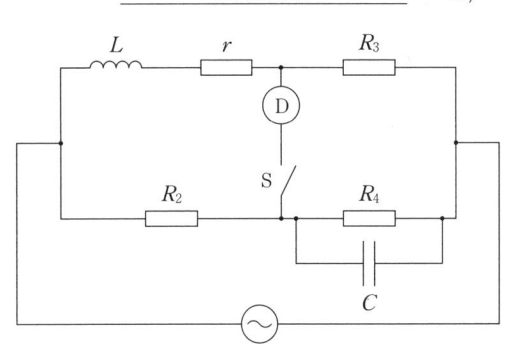

Fig. 11-10　Problem 11-8

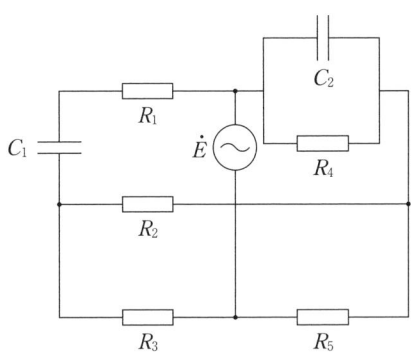

Exercises

Exercise 11-1 **Fig.** 11-A の回路において，抵抗 R の値と関係なく，流れる電流 $\dot{I}$ が一定となるための条件を，ノートンの定理を用いて求めよ。

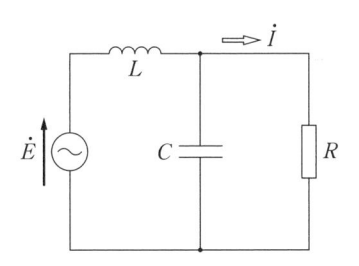

Fig. 11-A　Exercise 11-1

Exercise 11-2 相反定理（reciprocity theorem）および補償定理について調べよ。

Exercise 11-3 **Fig.** 11-B の回路において，抵抗 R_2 を流れる電流を，テブナンの定理を用いて求めよ。

Fig. 11-B　Exercise 11-3

Exercise 11-4 Fig. 11-C の回路において，a–b 間の電圧を，重ね合わせの理を用いて求めよ。

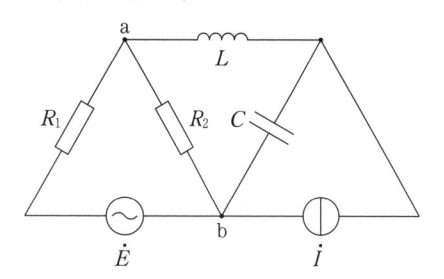

Fig. 11-C Exercise 11-4, 11-5

Exercise 11-5 Exercise 11-4 の回路において，抵抗 R_2 を流れる電流がゼロとなる条件を求めよ。

12章 電気回路の過渡現象

本章では,電気回路の過渡現象について学ぶ。ある電気回路に起電力を加え,電流が流れたとする。起電力を加えてから十分な時間が経過したときの状態を**定常状態**(steady state)という。いま,電気回路が,ある定常状態から外乱や他の理由により別の定常状態に移ったとする。この変化は一般に瞬時には生じず,一定の時間を要することになる。別の定常状態に移るための過渡期の状態を**過渡状態**(transient state)と呼び,過渡状態において電流・電圧が変化する現象を**過渡現象**(transient phenomena)と呼んでいる。ここでは電気回路の過渡現象における基本的事項について説明する。

12-1 基本回路の過渡現象

キャパシタンス C のキャパシタが電圧 V で充電されている場合,キャパシタは以下の静電エネルギーを保持する。

$$E_C = \frac{1}{2}CV^2 \tag{12-1}$$

同様に,インダクタンス L のインダクタに電流 I が流れている場合は

$$E_L = \frac{1}{2}LI^2 \tag{12-2}$$

の磁気エネルギーを保持する。

C や L を含む回路に何らかの外乱や変化(電源スイッチの開閉や接続状態の変化)が生じると,静電エネルギーや磁気エネルギーの増減・変換が回路内で行われる。回路の電流・電圧は,ただちに定常状態に落ち着かず,短時間ではあるが電流・電圧が時間とともに変化することになる(過渡現象)。

過渡現象は,エネルギー蓄積素子(C や L)を含む場合にのみ生じる現象である。したがって,エネルギーを消費するだけの抵抗で構成された回路においては過渡現象は生じない。

C あるいは L のどちらかを含む回路を単エネルギー回路,C,L の両方を含む回路を複エネルギー回路と呼んで区別することがある。以下,基本的な単エネルギー回路の過渡現象について順に説明する。

Fig. 12-1 に直流回路における R-L 直列回路を示す。いま,スイッチ S を入れた瞬間の電

12. 電気回路の過渡現象

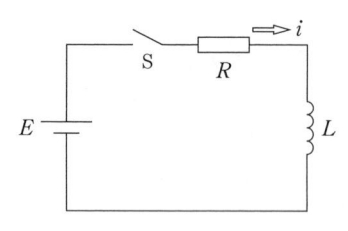

Fig. 12-1 *R-L* 直列回路

流の時間的変化に着目してみる。過渡現象における電流 i は，定常状態における回路方程式の解である**定常解** (steady state solution) と過渡状態の解である**過渡解** (transient solution) との和で与えられる。すなわち

$$i = i_s + i_t \tag{12-3}$$

である。ここで，i_s は定常解，i_t は過渡解である。定常解を求めるのは比較的やさしい。なぜなら，いままでの回路解析はすべて定常状態において行っていたからである。**電気回路の過渡現象を求めるには過渡解を求めることが重要となる**。一般的にはまず定常解を求め，次いで過渡解，そして最後に足し合わせる。

Problem 12-1 Fig. 12-1 の回路において，スイッチ S を入れてから十分な時間が経過し，定常状態に達したときの電流を求めよ（定常解を求めよ）。

12-1-1　*R-L* 直列回路の過渡現象

Fig. 12-1 の回路をもう一度参照して，*R-L* 直列回路の過渡現象を解析する方法について示していく。

いま，時刻 $t=0$ でスイッチ S が閉じられたとする。回路方程式はキルヒホッフの第 2 法則より

$$L\frac{di}{dt} + Ri = E \tag{12-4}$$

となる。式 (12-4) は定数係数の線形微分方程式である（抵抗，インダクタともに線形回路素子であるため）。この式より，電流 i の過渡現象を解析する。

式 (12-4) で示される微分方程式の一般解 i は，右辺の起電力 E を $E=0$ としたときの**同次方程式**

$$L\frac{di_t}{dt} + Ri_t = 0 \tag{12-5}$$

の解 i_t（過渡解）と，E をゼロとしない**非同次方程式**

$$L\frac{di_s}{dt} + Ri_s = E \tag{12-6}$$

において $d/dt=0$ としたときの解 i_s（定常解）の和，すなわち，$i = i_t + i_s$ で与えられる。

まず，簡単なほうの定常解を求める。定常解 i_s は，前述のとおり，定常状態すなわちスイッチ S を閉じてから十分な時間が経過したときの電流を示している。直流起電力 E が回路につながれているため，i_s は一定の値となることが直感的に理解できる。定常状態では，電流の時間変化が生じないため

$$\frac{di_s}{dt} = 0 \tag{12-7}$$

であり，式 (12-6) から

$$i_s = \frac{E}{R} \tag{12-8}$$

を導き出すことができる。回路には直流起電力 E が供給されているため，定常状態ではインダクタンスの影響をまったく受けない（インダクタは直流回路においては「電線」である）。回路に $t=0$ で起電力を突然加えても，電流はただちに $i=E/R$ にはならず，時間的に変化しながら E/R に近づいていくのである。言い換えれば，**スイッチ ON 当初は回路のインダクタンスが電流の増加を妨げるように働き，すぐには E/R になることができない**，ということになる。

つぎに過渡解 i_t を求める。式 (12-5) の微分方程式（同次方程式）を変数分離すると

$$\frac{di_t}{i_t} = -\frac{R}{L} dt \tag{12-9}$$

となる。両辺を積分すると

$$\phantom{\int \frac{di_t}{i_t} = -\frac{R}{L} \int dt} \tag{12-10}$$

となり，これを解くと

$$\log_e i_t = -\frac{R}{L} t + k \tag{12-11}$$

を得ることができる。ここで，k は積分定数である。式 (12-11) より i_t を求めると

$$i_t = e^{-\frac{R}{L}t + k} = e^{-\frac{R}{L}t} e^k = A e^{-\frac{R}{L}t} \tag{12-12}$$

となる。ここで

$$A = e^k$$

とした。式 (12-3) を参考として，回路方程式の一般解 i を求めると

$$i = i_s + i_t = \frac{E}{R} + A e^{-\frac{R}{L}t} \tag{12-13}$$

となる。式 (12-13) は積分定数に起因する定数 A を含んでおり，回路に流れる電流 i の最終的な解としては不十分である。

積分定数 A は，時間 $t=0$ における電流 i の値がわかれば決定することができる。これを

初期条件（initial condition）という．Fig. 12-1 において，スイッチ S を閉じる前に回路に流れる電流はゼロであった．したがって，インダクタを流れる電流もゼロである．インダクタを流れる電流は**鎖交磁束保存則**（Problem 12-2 で調べよ）により不連続に変化できないので，スイッチ S を閉じた直後（すなわち，$t=0$ のとき）の電流もゼロとなる．初期条件は以下のように示される．

$$t=0 \quad \text{のとき} \quad i=0 \tag{12-14}$$

この条件を式 (12-13) へ代入すると，積分定数 A を求めることができる．A は，初期条件より

$$0 = \frac{E}{R} + A \quad \therefore \quad A = -\frac{E}{R} \tag{12-15}$$

と求められる．したがって，電流 i の時間変化を示す最終的な解は

$$i = \frac{E}{R} - \frac{E}{R} e^{-\frac{R}{L}t} = \frac{E}{R}\left(1 - e^{-\frac{R}{L}t}\right) \tag{12-16}$$

となる．右辺第 1 項が定常状態を，第 2 項が過渡状態を表していることになる．

また，抵抗の端子電圧を v_R，インダクタの端子電圧を v_L とすると，それぞれ次式のように表すことができる．

$$v_R = \tag{12-17}$$

$$v_L = \tag{12-18}$$

12-1-2 時 定 数

式 (12-16) で求めた R-L 直列回路における電流 i と時間 t の関係を，**Fig. 12-2** に示す．図中，$t=0$ で電流 i の曲線に対して引いた接線が，定常状態の電流値（$I=E/R$）と交わる

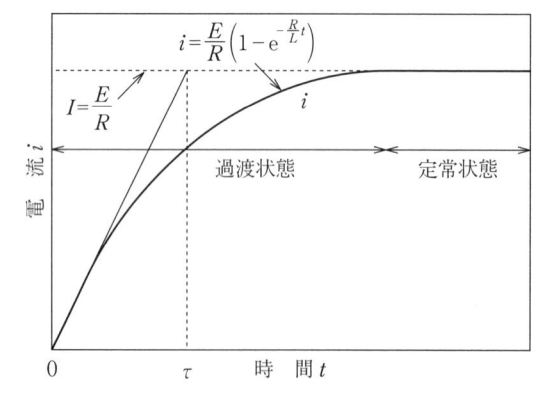

Fig. 12-2 R-L 直列回路における電流の時間変化

時間を τ とする。接線の傾きは，式 (12-16) を微分して

$$\left(\frac{di}{dt}\right)_{t=0} = \frac{E}{L} = \frac{E/R}{\tau} \tag{12-19}$$

と表される。したがって，τ は

$$\tau = \frac{L}{R} \tag{12-20}$$

となる。τ は起電力の大きさ，電流の大きさにかかわりなく，電気回路の状態によってのみ決まる量である。τ は，抵抗の単位を〔Ω〕，インダクタンスの単位を〔H〕として，時間の単位（秒：〔s〕）をもつことになる。回路に固有の値として，この τ を回路の**時定数**（time constant）という。

τ を使って，式 (12-16) を書き直すと

$$i = \frac{E}{R}\left(1 - e^{-t/\tau}\right) \tag{12-21}$$

を得ることができる。

式 (12-21) から，電流は τ 秒経過ごとに $1/e$ の割合で変化していくことがわかる。時定数 τ は過渡現象を吟味するうえでの時間尺度となっており，τ が大きければ定常状態に落ち着くまで長時間を要し（過渡状態が長い），逆に τ が小さければ定常状態まで短時間で行き着くことになる（過渡状態が短い）。τ 秒経過後の電流値は式 (12-21) に $t = \tau$ を代入することによって求められ，定常電流の 63.2% の値になることがわかる。同様に 2τ 経過で 86.5%，3τ で 95.0%，4τ で 98.2%，5τ では 99.3% である。したがって，**5τ 程度の時間が経過していれば回路は定常状態になっていると理解してもよい。**

12-1-3 回路解析の手順

12-1-2 項までに R-L 直列回路を用いて過渡現象の回路解析例を示してきた。ここでは，回路解析の一般手順をまとめて示す。

① **回路方程式を立てる。**
基本的な回路では，キルヒホッフの法則を用いることで対応できる。
② **微分方程式の定常解（特解）および過渡解を求める。**
過渡解を求める際は同次方程式を解くことになる。
③ **微分方程式の一般解を求める。**
微分方程式の一般解は定常解と過渡解の和である。
④ **初期条件を求め，積分定数を決定する。**
一般解には積分定数が含まれている（過渡解が積分定数を含むため）。回路中にインダク

12. 電気回路の過渡現象

タあるいはキャパシタが複数個あれば，積分定数も複数個となる．インダクタには鎖交磁束保存則，キャパシタには**電荷保存則**（Problem 12-2 で調べよ）を適用し，$t=0$（回路の状態が変化した瞬間）の回路の変数を一般解に代入して，積分定数を求める．

⑤ **過渡現象の解を求める．**

過渡現象の解から時定数などを求め，過渡現象の様子を知る．

Problem 12-2 鎖交磁束保存則および電荷保存則について調べよ．

12-1-4 R-C 直列回路の過渡現象

R-C 直列回路におけるキャパシタの充電および放電の過渡現象について調べる．**Fig. 12-3** の R-C 直列回路において，$t=0$ でスイッチ S を閉じたときの電流の過渡現象を順を追って求めてみる．

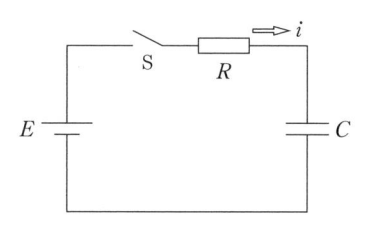

抵抗での端子電圧を v_R，キャパシタでの端子電圧を v_C とすると，回路方程式は

$$v_R + v_C = E \tag{12-22}$$

Fig. 12-3 R-C 直列回路

となる．$v_R = Ri$，$v_C = q/C$ を代入して，回路方程式として

$$Ri + \frac{q}{C} = E \tag{12-23}$$

を得る．**キャパシタのエネルギー源は電荷**である．電荷に関する方程式にするため，$i = dq/dt$ をさらに代入して

$$R\frac{dq}{dt} + \frac{q}{C} = E \tag{12-24}$$

を得る．式 (12-24) で示される微分方程式の定常解 q_s は，$dq/dt = 0$ とすることで

$$ \tag{12-25}$$

と求められる．過渡解 q_t を求めるにはつぎの同次方程式を解く必要がある．

$$R\frac{dq_t}{dt} + \frac{q_t}{C} = 0 \tag{12-26}$$

これを変数分離すると

$$\phantom{\frac{dq_t}{q_t} = -\frac{1}{RC}dt} \tag{12-27}$$

となり，12-1-1項で示した方法に従って解くと
$$q_t = A e^{-\frac{t}{CR}} \tag{12-28}$$
を得る．ここで，A は積分定数である．微分方程式の一般解は定常解と過渡解の和として
$$q = q_s + q_t = CE + A e^{-\frac{t}{CR}} \tag{12-29}$$
で与えられる．つぎに積分定数を決定するため，初期条件を考慮する．スイッチSを閉じる前のキャパシタの電荷がゼロであったとすると，電荷保存則により，$t=0$ でスイッチSを閉じた瞬間の電荷もゼロとなる．したがって，初期条件は

$$q(0) = 0 \tag{12-30}$$

である．これを式 (12-29) に代入すると，積分定数 A は

$$A = -CE \tag{12-31}$$

と求められる．電荷 q の過渡現象は

$$q = CE\left(1 - e^{-\frac{t}{CR}}\right) \tag{12-32}$$

となる．式 (12-32) から，電流 i，端子電圧 v_R，および v_C はそれぞれつぎのようになる．

$$i = \frac{E}{R} e^{-\frac{t}{CR}} \tag{12-33}$$

$$v_R = E e^{-\frac{t}{CR}} \tag{12-34}$$

$$v_C = E\left(1 - e^{-\frac{t}{CR}}\right) \tag{12-35}$$

時定数は，R-C 直列回路の場合，12-1-2項と同様の考え方により以下のようになる．
$$\tau = CR \tag{12-36}$$
単位は，R-L 直列回路のときと同じく〔s〕である．

Problem 12-3 式 (12-34)，(12-35) で得られた v_R および v_C の結果を，Fig. 12-2 を参考に図示せよ．ただし，時間軸の大きさは揃えて描け．

12. 電気回路の過渡現象

Problem 12-4 Fig. 12-4 の R-C 直列回路において，スイッチ S は①側にあり，キャパシタ C は $q=CE$ で充電されている。スイッチ S を②側にすると，q は抵抗 R を通って放電することになる。

$t=0$ でスイッチ S を②側に倒したときに，回路に流れる電流 i を求めよ。

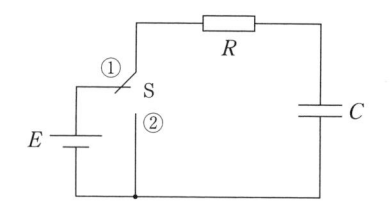

Fig. 12-4 Problem 12-4

Problem 12-5 Fig. 12-5 において，以下の問いに答えよ。

（1） $t=0$ でスイッチ S を閉じたとき，回路に流れる電流 i の時間変化を求めよ。

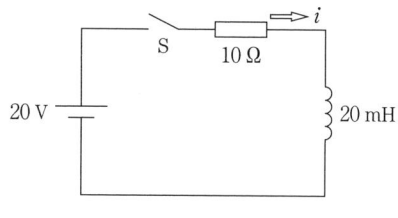

Fig. 12-5 Problem 12-5

（2） 抵抗の端子電圧 v_R，およびインダクタの端子電圧 v_L の時間変化を求めよ。

（3） 時定数 τ を求めよ。

（4） $v_R = v_L$ になる時間を求めよ。

12-1-5 R-C 直列回路の過渡現象（充電）

Fig. 12-6 に示す R-C 直列回路（Fig. 12-3 で示したものと同じ回路）は，以下の方法でも解くことができる。

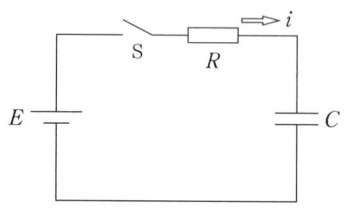

Fig. 12-6 R-C 直列回路

12-1-4 項では過渡現象を引き起こすエネルギー源がキャパシタの場合，電荷 q であることから，電荷 q に関する微分方程式を解いた。ここでは，電流 i にかかわる方程式を立てることにする。$t=0$ でスイッチ S を閉じたと

きの回路方程式は，次式のようになる。

$$Ri + \frac{1}{C}\int i\,dt = E \tag{12-37}$$

式 (12-37) は積分方程式となっている。この式の両辺を時間 t で微分すると

$$R\frac{di}{dt} + \frac{1}{C}i = 0 \tag{12-38}$$

で示される同次微分方程式が得られる。これを変数分離すると

$$\frac{di}{i} = -\frac{dt}{CR} \tag{12-39}$$

となり，これを解くと次式で示す一般解が得られる。

$$i = A\mathrm{e}^{-\frac{1}{CR}t} \tag{12-40}$$

つぎに 12-1-4 項までと同様に初期条件を考え，定数 A を決定する。$t=0$ において回路の電流 i は E/R となる。$t=0$ ではキャパシタの電荷 $q=0$ であり，キャパシタの両端には電圧が発生しない。したがって，$t=0$ の瞬間においては，等価的に **Fig**. 12-7 のような回路となっており，$i(0)=E/R$ が導かれる。

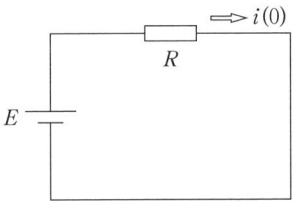

定数 A は

$$A = \frac{E}{R} \tag{12-41}$$

Fig. 12-7　$t=0$ の瞬間における等価回路

と求められる。電流の解は

$$i = \frac{E}{R}\mathrm{e}^{-\frac{1}{CR}t} \tag{12-42}$$

となり，式 (12-33) で求めたものと同じであることが確認できる。

12-1-6　R-C 直列回路の過渡現象（放電）

12-1-5 項に引き続き R-C 直列回路において，電流 i にかかわる方程式を立て，放電時の過渡現象を考えてみる。Problem 12-4 で示した Fig. 12-4 において，スイッチ S が①のポジションで定常状態であり，キャパシタには電荷 $q=CE$ が充電されているものとする。

いま，$t=0$ でスイッチ S を①から②へ切り換えたとする（電源を切り離す）。このとき，キャパシタの電荷は抵抗 R を通じて放電される。回路方程式は次式のようになる。

$$Ri + \frac{1}{C}\int i\,dt = 0 \tag{12-43}$$

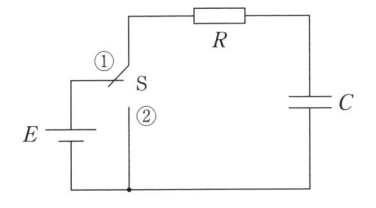

Fig. 12-4（再掲）　Problem12-4

両辺を微分すると

$$R\frac{di}{dt} + \frac{1}{C}i = 0 \tag{12-44}$$

が得られ，これは式 (12-38) と同じである。したがって，一般解は

$$i = Ae^{-\frac{1}{CR}t} \tag{12-45}$$

となる。つぎに初期条件を考慮する。$t=0$ においては，キャパシタに蓄えられた電荷 q がエネルギー源となる電流が流れる。すなわち

$$\frac{-q/C}{R} = Ae^0 \tag{12-46}$$

で表される電流が流れることになる。ここで，電荷 q にマイナス符号を付けたのは，スイッチ S が，①において流れた電流（充電電流）と反対方向に放電電流が流れることを示すためである。定数 A は

$$A = -\frac{q}{CR} \tag{12-47}$$

であり，$q = CE$ の関係を用いると，電流の解は

$$i = -\frac{E}{R}e^{-\frac{1}{CR}t} \tag{12-48}$$

となる（Problem 12-4 と同じ解になる）。

12-2 特性方程式

ここまで R-L および R-C 回路における過渡現象を吟味してきたが，求める解がいずれの場合においても

$$a(t) = Ae^{mt} \tag{12-49}$$

の形になっていることに気付いたであろうか。過渡現象にかかわらず，多くの物理現象は**指数関数**（exponential function）によって支配されている。

線形同次微分方程式の一般解は式 (12-49) で示される「形」となる。これを利用して微分方程式の解を見いだす方法がある。

Fig. 12-1 に示した R-L 直列回路における同次方程式は

$$L\frac{di_t}{dt} + Ri_t = 0 \tag{12-50}$$

であった。求める過渡解 i_t を仮に

$$i_t(t) = Ae^{mt} \tag{12-51}$$

とおいたとする。この式を式 (12-50) に代入すると

$$LmAe^{mt} + RAe^{mt} = (Lm + R)Ae^{mt} = 0 \tag{12-52}$$

となる．ここで，$Ae^{mt} \neq 0$ であり，式 (12-52) より

$$Lm + R = 0 \tag{12-53}$$

を得ることができる．この式を同次微分方程式 (12-50) の**特性方程式**（characteristic equation）という．特性方程式より m を求めると

$$m = -\frac{R}{L} \tag{12-54}$$

となる．これを式 (12-51) に代入すると

$$i_t = Ae^{-\frac{R}{L}t} \tag{12-55}$$

が得られる．これは式 (12-12) で示した過渡解と同じ結果となっている．この後，定常解を足して，初期条件を入れて定数 A を定めれば，電流の過渡現象が求められる．R-C 直列回路においても特性方程式を用いて同様の計算が行うことができる．微分方程式が複雑になる場合は，特性方程式を用いて解を求める方法が有効である．

Problem 12-6 Fig. 12-3 で示した R-C 直列回路において，$t = 0$ でスイッチ S を入れたときに流れる電流 i の過渡現象を，特性方程式を用いて求めよ．

12-3　複エネルギー回路の過渡現象

12-1 節では，インダクタやキャパシタがそれぞれ単独で含まれる単エネルギー回路の過渡現象を調べた．ここではインダクタ，キャパシタの両方を含む「複エネルギー回路」の過渡現象を扱う．回路解析の手順は単エネルギー回路とまったく同じであるが，回路方程式が 2 階以上の微分方程式となるため，計算が非常に複雑になる．

12-3-1　R-L-C 直列回路の過渡現象

Fig. 12-8 に R-L-C 直列回路を示す．ここでは，$t = 0$ でスイッチ S を閉じたときに回路に流れる電流 i を求める．回路方程式はキルヒホッフの第 2 法則により

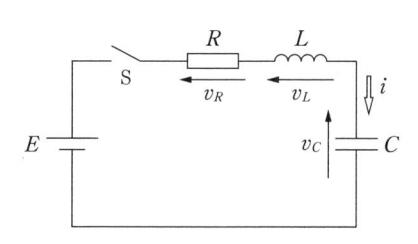

Fig. 12-8　R-L-C 直列回路

$$Ri + L\frac{di}{dt} + \frac{q}{C} = E \tag{12-56}$$

となる。$i = dq/dt$ を代入して

$$L\frac{d^2q}{dt^2} + R\frac{dq}{dt} + \frac{q}{C} = E \tag{12-57}$$

と変形できる。この式は電荷 q に対する2階の線形微分方程式となっている。12-1-3項で示した手順に従って，まず，定常解を求める。

定常解 q_s は $i = d^2q/dt^2 = 0$，$dq/dt = 0$ として

$$q_s = CE \tag{12-58}$$

と求められる。過渡解はつぎに示す同次方程式

$$L\frac{d^2q_t}{dt^2} + R\frac{dq_t}{dt} + \frac{q_t}{C} = 0 \tag{12-59}$$

から求めることができる。この線形2階微分方程式を解くために，12-2節で述べた特性方程式を利用する。いま，求める解を

$$q_t = Ae^{mt} \tag{12-60}$$

とおく。式 (12-59) に代入すると

$$Lm^2 Ae^{mt} + RmAe^{mt} + \frac{1}{C}Ae^{mt} = 0 \;\Rightarrow\; \left(Lm^2 + Rm + \frac{1}{C}\right)Ae^{mt} = 0 \tag{12-61}$$

となり，つぎの特性方程式が得られる。

$$Lm^2 + Rm + \frac{1}{C} = 0 \tag{12-62}$$

この特性方程式の解は次式のようになる。

$$m = -\frac{R}{2L} \pm \frac{1}{2L}\sqrt{R^2 - 4\frac{L}{C}} \tag{12-63}$$

ここで，m の値は式 (12-63) における根号のなかが，正，負，あるいはゼロの値をとることにより，それぞれ相異なる実根，等根（相等しい実数），虚根（複素共役）となる。つまり，R-L-C 直列回路の過渡現象は各回路定数の値によって異なることになる。

式 (12-63) を以下のように書き換える。

$$m = -\frac{R}{2L} \pm \sqrt{\left(\frac{R}{2L}\right)^2 - \frac{1}{LC}} = -\alpha \pm \sqrt{\alpha^2 - \omega_0^2} \tag{12-64}$$

ここで，一般に α を**減衰定数**（dumping coefficient），ω_0 を**非減衰固有角周波数**（undumped natural angular frequency）という。これらの用語の意味は各自考察すること（Problem 12-7 で検討すること）。

さらに，根号のなかを判別式で表し

$$\beta = \sqrt{\alpha^2 - \omega_0^2} \tag{12-65}$$

とおく。結局, m は

$$m = -\alpha \pm \beta$$

で表される。

以下, 根号のなかの状況別（判別式の状況別）に分けて解析を進める。

(1) 根が相異なる2実根のとき

式 (12-64) において, 根号のなかが

$$\left(\frac{R}{2L}\right)^2 > \frac{1}{LC}$$

となる場合について考える。この条件は, 式 (12-65) を参照して以下のようにも書ける。

$$R^2 > 4\frac{L}{C} \quad \text{あるいは} \quad \alpha > \omega_0$$

電荷の過渡解を求めると, つぎのようになる。

$$q_t = Ae^{-(\alpha-\beta)t} + Be^{-(\alpha+\beta)t} \tag{12-66}$$

ここで, A, B は積分定数である（2階の微分方程式のため積分定数が二つになる）。電荷 q の一般解は過渡解と定常解の和であり

$$q = CE + Ae^{-(\alpha-\beta)t} + Be^{-(\alpha+\beta)t} \tag{12-67}$$

となる。ここで, $t=0$ において $q=0$ となる初期条件を入れても式 (12-67) から積分定数 A, B をただちに決定することができない（積分定数が二つあるため）。A, B を求め, 最終的な過渡現象の解を得るには複雑な計算が必要となる。ここでは式 (12-67) の意味を考えることを優先する。

式 (12-67) は, 指数関数的に減衰する項の和で表されており, 指数関数的に定常値に近づく特性をもつことが容易に判断できる。この場合を**過制動**（over-damping）という。**Fig. 12-9**（a）に過制動時の特性を示す。

(2) 根が虚根（複素共役）のとき

式 (12-64) において, 根号のなかが

$$\left(\frac{R}{2L}\right)^2 < \frac{1}{LC}$$

となる場合について考える。この条件は, 式 (12-65) を参照して以下のようにも書ける。

$$R^2 < 4\frac{L}{C} \quad \text{あるいは} \quad \alpha < \omega_0$$

β は $\beta = j\beta$ となり, 過渡解は次式のように表される。

$$q_t = e^{-\alpha t}(Ae^{j\beta t} + Be^{-j\beta t}) \tag{12-68}$$

電荷 q の一般解は, 定常解を足し合わせて

$$q = CE + e^{-\alpha t}(Ae^{j\beta t} + Be^{-j\beta t}) \tag{12-69}$$

12. 電気回路の過渡現象

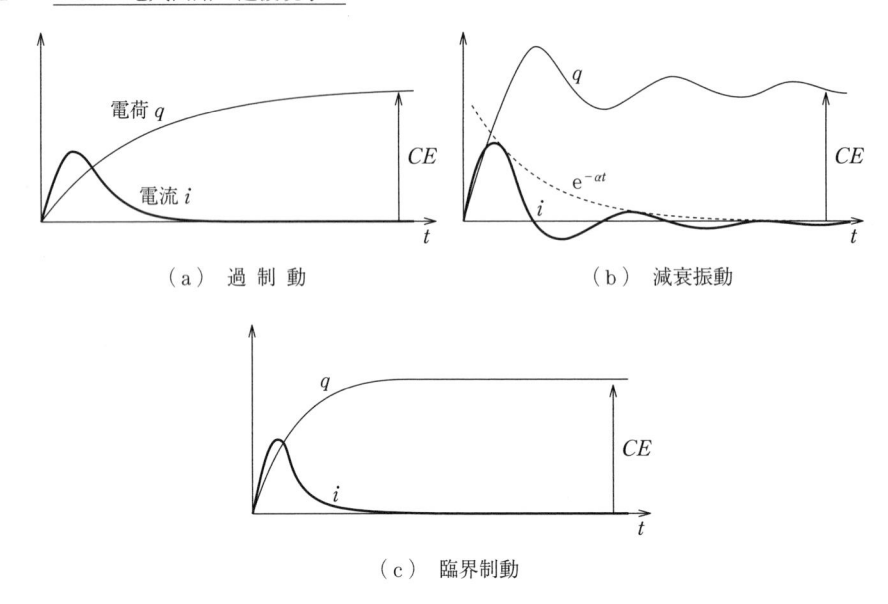

(a) 過制動

(b) 減衰振動

(c) 臨界制動

Fig. 12-9 電荷および電流の時間変化

となる。式 (12-69) は

$$q = CE + Ae^{-\alpha t}\sin(\beta t + \phi) \tag{12-70}$$

で表される「式の形」と等価である。式 (12-70) は，指数関数と三角関数の積の形になっており，指数関数的に減衰するsin波を示している。この場合を（1）で示した過制動に対して不足制動と呼ぶ。一般的には**減衰振動**（damped oscillation）と呼ばれる場合が多い。Fig. 12-9（b）に減衰振動時の特性を示す。

（3） 根が等根のとき（相等しい実数）

式 (12-64) において，根号のなかが

$$\left(\frac{R}{2L}\right)^2 = \frac{1}{LC}$$

となる場合について考える。この条件は，式 (12-65) を参照して以下のようにも書ける。

$$R^2 = 4\frac{L}{C} \quad \text{あるいは} \quad \alpha = \omega_0$$

電荷の過渡解は，つぎのようになる。

$$q_t = (A + Bt)e^{-\alpha t} \tag{12-71}$$

電荷 q は，定常解を足し合わせることにより

$$q = CE + (A + Bt)e^{-\alpha t} \tag{12-72}$$

となる。式 (12-72) は，指数関数的に減少する特性を示している。過制動から減衰振動に移る境い目の状態を示しており，**臨界制動**（critical damping）と呼ばれる。Fig. 12-9（c）に臨界制動時の特性を示す。

Problem 12-7 式 (12-64) において，α を減衰定数，ω_0 を非減衰固有周波数と呼ぶが，なぜそのような名称となるのか検討せよ（式のもつ意味を考えよ）。

12-3-2　R-L-C 直列回路の過渡現象解析

12-3-1 項で R-L-C 直列回路における特性方程式を導き，過渡現象が，回路定数の値によって過制動，減衰振動，臨界制動の 3 通りの状態になることを示した。以下では，過制動の場合における R-L-C 直列回路の過渡現象（電流の過渡現象）を解析する。減衰振動，臨界制動の場合は解のみを示すので，専門書などを参照し，自主学習すること。

（1）過制動のとき　特性方程式の解は，式 (12-64) に示したように

$$m = -\frac{R}{2L} \pm \sqrt{\left(\frac{R}{2L}\right)^2 - \frac{1}{LC}} = -\alpha \pm \sqrt{\alpha^2 - \omega_0^2} \tag{12-73}$$

であった。過制動の場合，$\alpha > \omega_0$ であり，一般解は，式 (12-67) に示したとおり

$$q = CE + A e^{-(\alpha-\beta)t} + B e^{-(\alpha+\beta)t} \tag{12-74}$$

である。ここで，$t=0$ において $q=0$ となる初期条件を入れても積分定数は決定できない。$t=0$ において $q=0$，さらに $i=0$ の条件を活用するため，式 (12-74) を微分して電流 i の一般解を求める。すなわち

$$i = \frac{dq}{dt} = -A(\alpha-\beta) e^{-(\alpha-\beta)t} - B(\alpha+\beta) e^{-(\alpha+\beta)t} \tag{12-75}$$

である。$t=0$ において $q=0$，$i=0$ であり，式 (12-74)，(12-75) にそれぞれ代入して

$$0 = CE + A + B \tag{12-76}$$

$$0 = -A(\alpha-\beta) - B(\alpha+\beta) \tag{12-77}$$

を得る。式 (12-76) および式 (12-77) から積分定数 A, B を求めれば

$$A = -CE \frac{\alpha+\beta}{2\beta}, \qquad B = CE \frac{\alpha-\beta}{2\beta} \tag{12-78}$$

となる。これらの結果を式 (12-74)，(12-75) に代入すれば

$$q = CE \left\{ 1 - e^{-\alpha t} \left(\cosh \beta t + \frac{\alpha}{\beta} \sinh \beta t \right) \right\} \tag{12-79}$$

$$i = \frac{E}{\beta L} e^{-\alpha t} \sinh \beta t \tag{12-80}$$

の解を得る。ここで

の関係を使った。Fig. 12-9（a）に電流 i および電荷 q の特性を示した。

（2） 減衰振動のとき　減衰振動の場合，$\alpha<\omega_0$ であり，電荷 q の一般解は，式（12-69）に示したとおり

$$q = CE + e^{-\alpha t}(Ae^{j\beta t} + Be^{-j\beta t}) \tag{12-81}$$

となる。初期条件を入れることにより，電流 i は

$$i = \frac{E}{\beta L} e^{-\alpha t} \sin \beta t \tag{12-82}$$

Fig. 12-9（b）に電流 i および電荷 q の特性を示した。

（3） 臨界制動のとき　臨界制動の場合，$\alpha=\omega_0$ であり，電荷 q の一般解は，式（12-72）に示したとおり

$$q = CE + (A + Bt)e^{-\alpha t} \tag{12-83}$$

である。初期条件を入れることにより電流 i を求めると

$$i = CE\alpha^2 t e^{-\alpha t} = \frac{E}{L} t e^{-\alpha t} \tag{12-84}$$

となる。Fig. 12-9（c）に電流 i のおよび電荷 q の特性を示した。

12-4　パルス回路

Fig. 12-10 に示すような R-C 直列回路に起電力 E を加え，$t=0$ でスイッチ S を入れる。回路方程式はキルヒホッフの第 2 法則により

$$v_R + v_C = E \tag{12-85}$$

と示される。電流を i，キャパシタに貯まる電荷を q として，以下のように書き換えることができる。

$$Ri + \frac{q}{C} = E \tag{12-86}$$

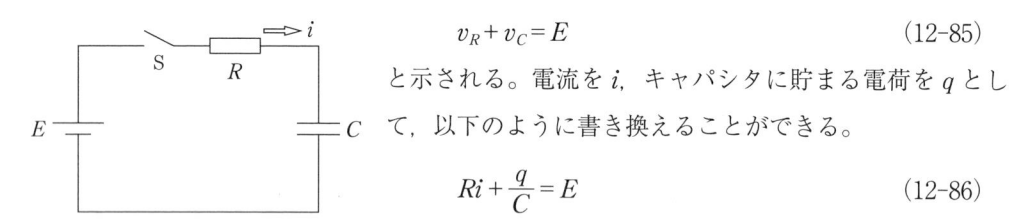

Fig. 12-10　R-C 直列回路

q は次式のように表現できる。

$$q = \int i\, dt \tag{12-87}$$

式（12-86）を電流の形で表すと

$$Ri + \frac{1}{C}\int i\, dt = E \tag{12-88}$$

となる。

ここで

$$Ri \ll \frac{1}{C}\int i\,dt$$

の条件下で回路解析を行う。式 (12-88) は，以下のように表される。

$$\frac{1}{C}\int i\,dt = E \tag{12-89}$$

両辺を微分すると

$$\frac{1}{C}i\,dt = dE \tag{12-90}$$

となり，電流 i は次式のようになる。

$$i = C\frac{dE}{dt} \tag{12-91}$$

したがって，抵抗の端子電圧 v_R は

$$v_R = Ri = CR\frac{dE}{dt} \tag{12-92}$$

と表される。v_R は，入力電圧 E の時間微分に比例した波形になることがわかる。このような回路を**微分回路**（diffirential circuit）と呼ぶ。微分回路は各種パルス発生回路に広く応用されており，詳細は電子回路などのテキストを参照すること。

つぎに

$$Ri \gg \frac{1}{C}\int i\,dt$$

の条件下で回路解析を行う。式 (12-88) は以下のようになる。

$$Ri = E \tag{12-93}$$

電流 i は

$$i = \frac{E}{R} \tag{12-94}$$

と示される。キャパシタの端子電圧 v_C は

$$v_C = \frac{1}{C}\int i\,dt \tag{12-95}$$

であり，式 (12-94) を代入すると

$$v_C = \frac{1}{CR}\int E\,dt \tag{12-96}$$

と変形できる。v_C は，入力電圧 E の時間積分に比例した波形になることがわかる。このような回路を**積分回路**（integral circuit）と呼ぶ。

積分回路は，演算増幅器（オペアンプ）との組み合わせで用いられることが多く，実用性は高い。詳細は電子回路などのテキストを参照のこと。

12. 電気回路の過渡現象

Problem 12-8 Fig. 12-11（a）に示す R-C 直列回路に，Fig. 12-11（b）に示すような方形波電圧を加えた。抵抗の端子電圧 v_R およびキャパシタの端子電圧 v_C を Fig. 12-11（b）に書き込め。ただし，方形波のパルス幅 T に比べて，回路の時定数が十分小さい場合を想定せよ。

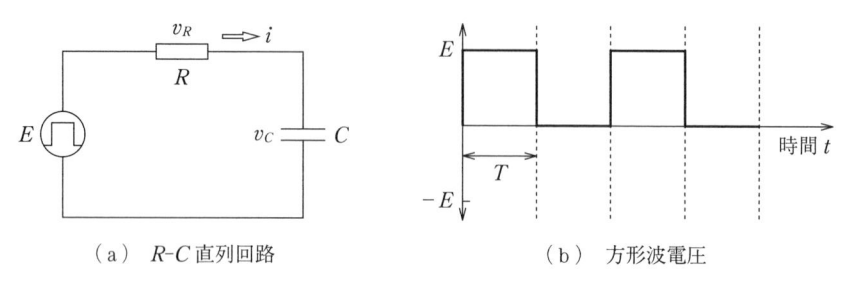

（a） R-C 直列回路

（b） 方形波電圧

Fig. 12-11 Problem 12-8

Problem 12-9 R-C 直列回路において，方形波などのパルス電圧を加えた場合，「**時定数 CR が十分に小さい回路の抵抗の端子電圧**」を利用するときは**微分回路**と呼び，「**時定数 CR が十分に大きい回路のキャパシタの端子電圧**」を利用するときは**積分回路**と呼ぶ。12-4 節の内容から，微分・積分回路が時定数と深くかかわっている理由を考察せよ。

Exercises

Exercise 12-1 Fig. 12-A の回路において，$t=0$ でスイッチ S を開いたときに流れる電流 i の過渡現象を求めよ。

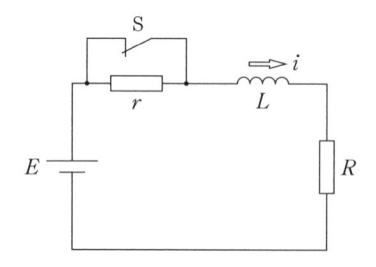

Fig. 12-A Exercise 12-1

Exercise 12-2 Fig. 12-B の回路において，スイッチ S が①に接続された状態で定常状態となっている．$t=0$ で，スイッチ S を②に切り換えた場合の回路に流れる電流 i の過渡現象を求めよ．

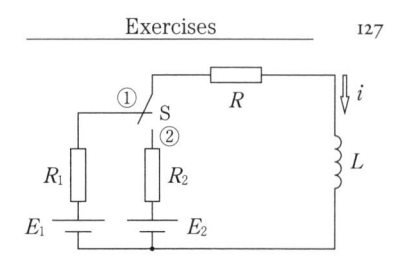

Fig. 12-B Exercise12-2

Exercise 12-3 Fig. 12-C の R-C 並列回路において，$t=0$ で，スイッチ S を閉じたときにキャパシタ C に流れる電流 i_C を求めよ．ただし，キャパシタにはスイッチ S を閉じる前にすでに電圧 V_0 に相当する電荷で充電されていたものとする．

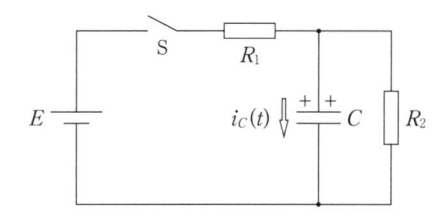

Fig. 12-C Exercise 12-3

Exercise 12-4 Fig. 12-D の R-L 並列回路において，$t=0$ で，スイッチ S を閉じたときに抵抗 R およびインダクタ L に流れる電流 i_L および i_R を求めよ．

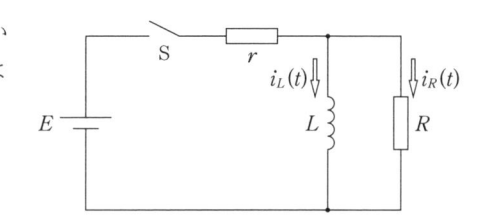

Fig. 12-D Exercise 12-4

Exercise 12-5 Fig. 12-E の回路において，スイッチ S を閉じたときに流れる電流の時間変化を求めよ．

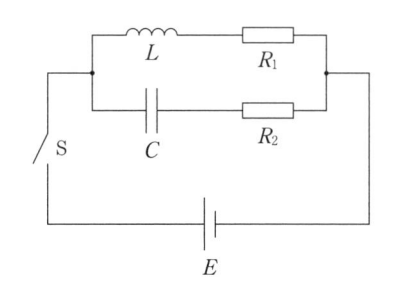

Fig. 12-E Exercise 12-5

Exercise 12-6 Exercise 12-4 の回路について，おのおのの時定数が，電源を短絡した等価回路を用いて推定できることを確認せよ．

13章 ラプラス変換を用いた過渡現象の解析

12章では微分方程式による過渡現象の「直接解法」を学んだ。比較的簡単・単純な電気回路においては直接解法が有効ではあるが，直接解法では，複エネルギー回路や閉回路数が増した場合に，高次の微分方程式を解く場合があり，回路解析が非常に複雑になる。現に R–L–C 直列回路のような単純な回路においても，複エネルギー回路であるために2階微分方程式を解く結果となり，短時間で解を得ることは難しい。

よく知られているように，微分方程式の代数的解法としてラプラス変換を用いる手法がある。**交流回路解析に複素数を導入して代数計算を行ったのと同様に，微分方程式をラプラス変換で代数方程式に変換して過渡現象解析を行うことができる。**

本章ではラプラス変換による過渡現象解析の詳細を述べる。

13-1 ラプラス変換による回路解析の流れ

Fig. 13-1 に**ラプラス変換**による回路解析の流れを示す。いままでの微分方程式による直接解法では電源の「周波数」という観点が欠落していた。過渡現象を解析するうえで「$t=0$」で電源が突然加えられた場合を想定する機会は多い。回路に直流電源が「突然」加えられると，その瞬間においては，電圧には直流から∞までの周波数が含まれることになる（ゼロだった電圧が瞬時に加わるために，電源の周波数以外の成分が存在するようになる）。こ

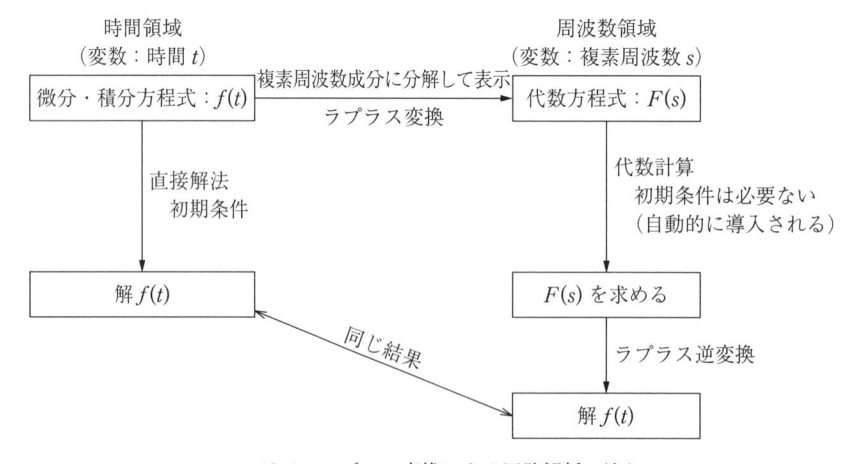

Fig. 13-1 ラプラス変換による回路解析の流れ

れは正弦波交流電源でも方形波電源の場合でも同じことがいえる。短絡していた回路素子を突然開放したときも，同様に直流から∞までの周波数が回路に含まれる。電源電圧と同じ成分の周波数（直流電源の場合は直流）は，定常解を与えることになる。それ以外の周波数成分は過渡解を与え，十分な時間が経過した後，ゼロとなる。

ラプラス変換（Laplace transformation）**による回路解析は**，現象を時間領域から周波数領域に移し，特定の複素周波数（sと表記する）に対する応答を計算するものである。周波数領域ですべての複素周波数sについて合成を行い，時間領域に戻すことで解を求める（**ラプラス逆変換**）。微分方程式による解法に比べて煩雑に感じるが，複エネルギー回路などの複雑な回路においての計算は容易となり，過渡現象解析においてはたいへん有効な手段となる。

13-2　ラプラス変換の基礎

ラプラス変換は，時間tの関数$f(t)$において$t>0$の部分を対象として考えることになる。ラプラス変換を電気回路の解析に利用するのは，過渡現象が$t=0$を起点として考える場合が多いことに起因している。関数$f(t)$のラプラス変換$F(s)$は，次式で定義される。

$$F(s) = \int_0^\infty f(t)\,e^{-st}dt \tag{13-1}$$

ここで

$$s = \sigma + j\omega \tag{13-2}$$

は複素数であり，ωは角周波数を表している。σは**包絡定数**（envelope constant）と呼ばれ，$\sigma>0$である。σについては後述する。ラプラス変換によって得られた$F(s)$はs領域（複素周波数領域）の関数であり，s関数と呼ばれることもある〔もととなる時間関数$f(t)$はt領域の関数でありt関数と呼ばれる〕。また，$F(s)$が$f(t)$のラプラス変換であるならば，$f(t)$は$F(s)$のラプラス逆変換となり，変換と逆変換が一対をなしている。

電気回路における二つの重要な関数についてのラプラス変換を以下より示す。

13-2-1　単位ステップ関数

Fig. 13-2に示す**単位ステップ関数**（unit step function）を$u(t)$で表す。Fig. 13-2より，この関数は

$$f(t) = 1 \equiv u(t) \tag{13-3}$$

であることがわかる。単位ステップ関数のラプラス変換は

$$\int_0^\infty u(t)\,e^{-st}dt \tag{13-4}$$

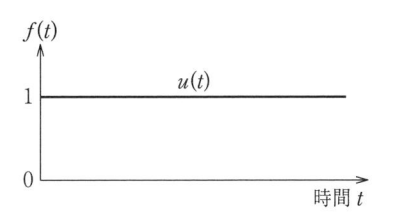

Fig. 13-2　単位ステップ関数

となる。これを解くと

$$\left[-\frac{e^{-st}}{s}\right]_0^\infty = \frac{1}{s} \tag{13-5}$$

が得られる。

13-2-2 指数関数

指数関数 e^{at} のラプラス変換は

$$\int_0^\infty e^{at} e^{-st} dt \tag{13-6}$$

と表され，これを解くと

$$\left[-\frac{e^{-(s-a)t}}{s-a}\right]_0^\infty = \frac{1}{s-a} \tag{13-7}$$

となる。

Problem 13-1 指数関数 $f(t) = Ae^{-at}$ のラプラス変換を求めよ。

おもな関数のラプラス変換結果を **Table 13-1** にまとめた（回路解析において参照する機会は多くなる）。

Table 13-1 おもな関数のラプラス変換表

時間関数 （時間 t の関数）	ラプラス変換 （複素周波数 s の関数）	時間関数 （時間 t の関数）	ラプラス変換 （複素周波数 s の関数）
$\delta(t)$	1	te^{at}	$\dfrac{1}{(s-a)^2}$
$u(t)$	$\dfrac{1}{s}$	$\sin \omega t$	$\dfrac{\omega}{s^2+\omega^2}$
t	$\dfrac{1}{s^2}$	$\cos \omega t$	$\dfrac{s}{s^2+\omega^2}$
t^n	$\dfrac{n!}{s^{n+1}}$	$\sinh \alpha t$	$\dfrac{\alpha}{s^2-\alpha^2}$
e^{at}	$\dfrac{1}{s-a}$	$\cosh \alpha t$	$\dfrac{s}{s^2-\alpha^2}$

Problem 13-2 デルタ関数（delta function）（δ 関数）とはどのような関数か調べよ。また，そのラプラス変換を求めよ。

13-3　ラプラス変換による回路解析

ラプラス変換を用いて，R-L 直列回路の過渡現象を解析する。解を見いだす過程でラプラス変換の意味・有用性についても考察を加える。

Fig. 13-3 に R-L 直列回路を示す。スイッチ S を $t=0$ で閉じたときに回路に流れる電流を i とすると，回路方程式は次式のようになる。

$$L\frac{di}{dt} + Ri = E \tag{13-8}$$

式 (13-8) をラプラス変換する。ラプラス変換の実行は式 (13-8) の各項に e^{-st} を掛けて，0 から ∞ まで積分することを意味する。ここで

$$s = \sigma + j\omega \tag{13-9}$$

は，先にも述べたように複素数であり（$\sigma > 0$），ω は角周波数を表している。ラプラス変換を式で示すと，つぎのようになる。

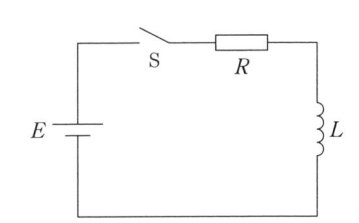

Fig. 13-3　R-L 直列回路

$$\int_0^\infty L\frac{di}{dt}e^{-st}dt + \int_0^\infty Rie^{-st}dt = \int_0^\infty Ee^{-st}dt \tag{13-10}$$

まず，式 (13-10) の右辺に着目する。右辺を解くと

$$\int_0^\infty Ee^{-st}dt = E\left(\frac{1}{-s}\right)\left[e^{-st}\right]_0^\infty = \frac{E}{s} \tag{13-11}$$

となる。つぎに左辺第 1 項は，部分積分により

$$L\left[ie^{-st}\right]_0^\infty + Ls\int_0^\infty ie^{-st}dt \tag{13-12}$$

となり，さらに電流 i の $t=0$ における初期値を $i(0)$ とすると

$$-Li(0) + Ls\int_0^\infty ie^{-st}dt \tag{13-13}$$

と表すことが可能である。

ここで，電流 i のラプラス変換として

$$I(s) = \int_0^\infty ie^{-st}dt \tag{13-14}$$

とおくと，式 (13-10) から

$$LsI(s) - Li(0) + RI(s) = \frac{E}{s} \tag{13-15}$$

を得ることができる。

式 (13-15) は，微分方程式が代数方程式に置き換えられたことを表している。この式に含

まれる $I(s)$ は，流れる電流 i に含まれている周波数に対応する複素周波数 s の成分を表したものになっている。簡単な代数計算によって

$$I(s) = \frac{E/s + Li(0)}{Ls + R} \tag{13-16}$$

を得ることができる。

ここで，ラプラス変換の意味・有用性について式 (13-15) を使って考えてみる。いま，仮に $\sigma = 0$ で $s = j\omega$ の場合を想定する。式 (13-15) は

$$j\omega LI(j\omega) - Li(0) + RI(j\omega) = \frac{E}{j\omega} \tag{13-17}$$

となる。左辺の $j\omega LI(j\omega)$, $RI(j\omega)$ は，交流回路の基礎で学んだように，角周波数 ω の正弦波交流に対するインダクタおよび抵抗における電圧降下を表していることになる。

右辺の $\frac{E}{j\omega}$ は，直流電源を「突然」つないだときに含まれるさまざまな角周波数のうち，特定の角周波数 ω に対して「抜き出した」電圧の値を示していることになる。

式 (13-17) は，特定の角周波数 ω に対して立てた回路方程式であり，かつ，代数方程式となっている。また，インダクタに流れる電流の初期値（初期条件に対応）も自然に導入されていることにも着目すべきである。

いま，仮に $\sigma = 0$ の条件を考えたが，この条件における式 (13-17) の右辺は直流（$\omega = 0$）成分において ∞ となり，妥当な仮定とはいえなくなる。したがって，通常，電気回路におけるラプラス変換では，$\sigma > 0$ として

$$s = \sigma + j\omega$$

の複素周波数を導入するのである。

ラプラス変換による回路解析は，一見，非常に複雑なように感じるが，実際の計算は容易である。回路解析におけるステップは以下のようになる。

① **微分方程式あるいは積分方程式をラプラス変換によって代数方程式に変換する。この際，初期条件をはじめから考慮しておく。**
② **簡単な四則演算によって解を得る。**
③ **複素周波数領域（s 領域）から時間領域（t 領域）に戻す操作（ラプラス逆変換）により最終的な解を得る。**

つぎに式 (13-16) から時間領域における電流 i を求める。これには上記③で示したように**ラプラス逆変換**（inverse Laplace transformation）を行う必要がある。具体的には，複素周波数 s の「基本波」e^{st} にその成分を掛けて，すべての s について合成する計算を行うことになる。この計算は複素積分となり，場合によっては非常に複雑なものとなる。ここでは，Table 13-1 に示したラプラス変換表を利用することにする。式 (13-16) を部分分数展開

(13-8節参照）によって変形すると

$$I(s) = \frac{E}{R}\frac{1}{s} - \frac{E}{R}\frac{1}{s+R/L} + i(0)\frac{1}{s+R/L} \tag{13-18}$$

となる。つぎの関係から，右辺第2, 3項におけるラプラス逆変換の解を得ることができる。

$$\frac{1}{s+A} = \int_0^\infty e^{-(s+A)t}dt = \int_0^\infty e^{-At}e^{-st}dt \tag{13-19}$$

この結果を式（13-18）に適用して時間関数に戻すと（ラプラス逆変換すると）

$$i = \frac{E}{R} - \frac{E}{R}e^{-\frac{R}{L}t} + i(0)e^{-\frac{R}{L}t} \tag{13-20}$$

を得る。式（13-20）は直接解法で得た解と同様である。仮に $i(0) = 0$ なら

$$i = \frac{E}{R}\left(1 - e^{-\frac{R}{L}t}\right) \tag{13-21}$$

となる。

13-4　ラプラス変換とフーリエ変換

　任意の波形（任意の関数）は，さまざまな周波数をもつ正弦波の合成として，**フーリエ変換**（Fourier transformation）によって表すことができる。フーリエ変換は，ある特定の関数（ステップ関数など）に対して絶対収束の条件を満たさないので，電気回路解析に応用するには問題が残る。ラプラス変換はフーリエ変換の拡張方式ととらえてよい。詳しくは数学関係のテキストを参照すること。

13-5　電気回路とラプラス変換の関係

　電気回路における抵抗，インダクタ，キャパシタなどの線形回路素子について，複素周波数 s を用いた表現をここにまとめておく。

13-5-1　抵　　　抗

電気抵抗では，時間領域（以下，t 領域）において

$$v(t) = Ri(t) \tag{13-22}$$

として特性を表すことができる。両辺をラプラス変換し

$$V(s) = \int_0^\infty v(t)e^{-st}dt$$

$$I(s) = \int_0^\infty i(t)e^{-st}dt$$

13. ラプラス変換を用いた過渡現象の解析

Fig. 13-4 抵抗 R の t 領域および s 領域での回路
（a）t 領域での回路　（b）s 領域での回路

のようにそれぞれおくと，抵抗 R は定数であるから

$$V(s) = RI(s) \tag{13-23}$$

の複素周波数領域（以下，s 領域）における関係式が得られる。式 (13-23) は，ラプラス変換された電圧，電流にもオームの法則が成立することを示している。**Fig. 13-4** に抵抗 R の t 領域および s 領域での回路を示す。

13-5-2 インダクタ

インダクタでは，t 領域において，つぎの関係式が成り立つ。

$$v(t) = L\frac{di}{dt} \tag{13-24}$$

両辺をラプラス変換すると（部分積分が必要）

$$V(s) = L\left[ie^{-st}\right]_0^\infty + Ls\int_0^\infty ie^{-st}dt \tag{13-25}$$

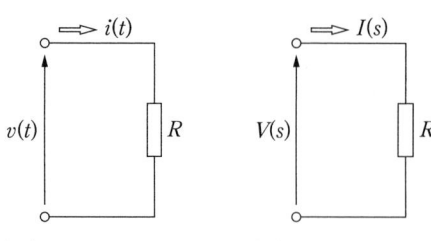

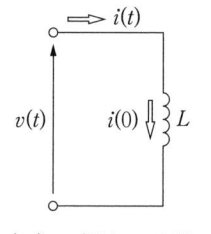

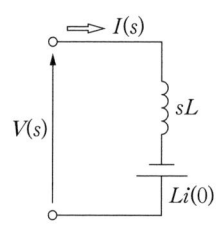

となり，これを解くと

$$V(s) = LsI(s) - Li(0) \tag{13-26}$$

となる。右辺第 2 項の $Li(0)$ は初期条件に関係する項であり，電圧と同じ意味合いをもつ。したがって，インダクタンス L の t 領域および s 領域における回路は **Fig. 13-5** のようになる。

Fig. 13-5 インダクタンス L の t 領域および s 領域での回路
（a）t 領域での回路　（b）s 領域での回路

13-5-3 キャパシタ

キャパシタでは，t 領域において，つぎの関係式が成り立つ。

$$v(t) = \frac{1}{C}\int_{-\infty}^{t} i\,dt \tag{13-27}$$

式 (13-27) を以下のように変形する。

$$v(t) = \frac{1}{C}\int_{-\infty}^{0} i\,dt + \frac{1}{C}\int_{0}^{t} i\,dt \tag{13-28}$$

式 (13-28) の右辺第 1 項は，$-\infty$ から時間 $t=0$ までの電流の状態，つまり初期条件を示していることになる。この式は

$$v(t) = \frac{q(0)}{C} + \frac{1}{C}\int_0^t i dt \tag{13-29}$$

と表記可能である。ここで，$q(0)$ は初期電荷であり，キャパシタの電圧に対して

$$q(0) = Cv(0) \tag{13-30}$$

の関係をもつ定数である。両辺をラプラス変換すると，次式が得られる。

$$V(s) = \frac{q(0)}{sC} + \frac{1}{sC}I(s) = \frac{v(0)}{s} + \frac{1}{sC}I(s) \tag{13-31}$$

したがって，キャパシタンス C の t 領域および s 領域における回路は，**Fig. 13-6** のように表すことが可能となる。

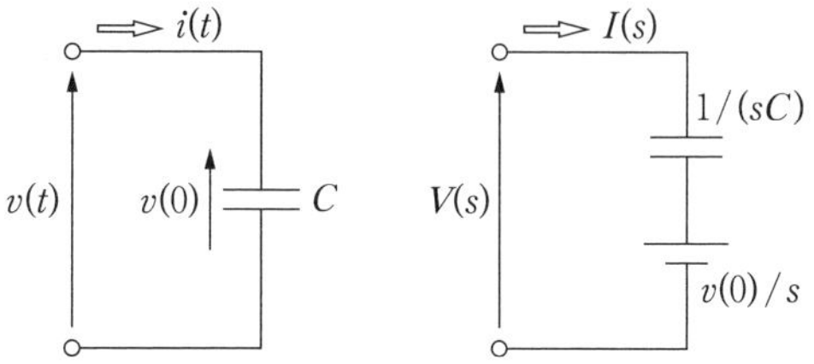

Fig. 13-6 キャパシタンス C の t 領域および s 領域での回路

（a）t 領域での回路　　（b）s 領域での回路

13-6　ラプラス変換された電圧，電流

13-5 節でラプラス変換と電気回路の関係を示した。フェーザー法による微分・積分方程式の置き換えと似通っていることに気付いたであろうか。フェーザー法による電圧・電流の置き換えは以下のとおりであった。

$$\int i dt \Rightarrow \frac{\dot{I}}{j\omega}, \quad \int e dt \Rightarrow \frac{\dot{E}}{j\omega} \quad \frac{di}{dt} \Rightarrow j\omega \dot{I}, \quad \frac{de}{dt} \Rightarrow j\omega \dot{E}$$

すなわち

$$\frac{d}{dt} \Rightarrow j\omega, \quad \int dt \Rightarrow \frac{1}{j\omega}$$

とすることにより，四則演算で回路解析が可能となった。

ラプラス変換の場合，式 (13-26) および式 (13-31) より，つぎの関係が見いだせる。

$$i \Rightarrow I(s), \quad e \Rightarrow E(s) \tag{13-32}$$

$$L\frac{di}{dt} \Rightarrow L\{sI(s) - i(0)\} \tag{13-33}$$

$$\frac{1}{C}\int i dt \Rightarrow \frac{1}{sC}\{I(s) + i^{-1}(0)\} = \frac{1}{sC}\{I(s) + q(0)\} \tag{13-34}$$

ここで，$i(0)$ および $q(0)$ は $t=0$ における値，すなわち初期値である。フェーザー法と比較してみると，$j\omega \Rightarrow s$ に変化しているだけである。初期条件の考慮は必要であるが，式 (13-33)，(13-34) で表される関係を理解しておけば，基本電気回路においての過渡現象解析には問題なく対応できることになる。

13-7　ラプラス変換による基本回路の過渡現象解析

Fig. 13-7(a)のR-C直列回路において，$t=0$でスイッチSを閉じたときの電流の過渡現象を解析する。

(a)　t領域での回路　　　　　　(b)　s領域での回路

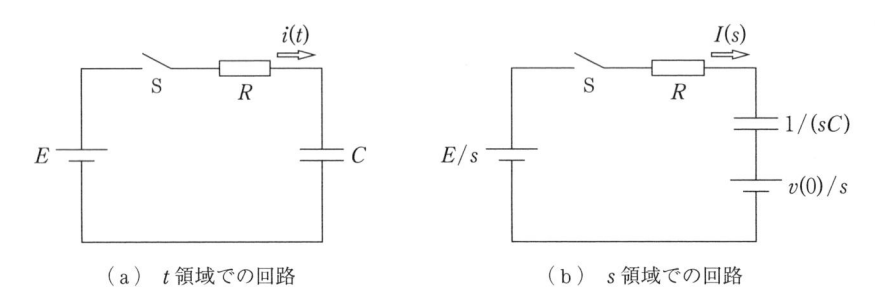

Fig. 13-7　R-C直列回路のt領域およびs領域での回路

回路方程式は次式のようになる。

$$Ri + \frac{1}{C}\int i\, dt = E \tag{13-35}$$

両辺をラプラス変換すると

$$RI(s) + \frac{1}{sC}I(s) + \frac{v(0)}{s} = \frac{E}{s} \tag{13-36}$$

となる。s領域における回路をFig. 13-7(b)に示す。

$t=0$で$v(0)=0$の条件を入れ，$I(s)$を求めると次式のようになる。

$$I(s) = \frac{E/s}{R + 1/(sC)} = \frac{E}{R}\frac{1}{s + 1/(CR)} \tag{13-37}$$

式(13-37)をラプラス逆変換すると(Table 13-1を参照)

$$i(t) = \frac{E}{R}e^{-\frac{t}{CR}} \tag{13-38}$$

が得られ，微分方程式の直接解法による解と一致することがわかる。

また，別解として電荷qに対する微分方程式をラプラス変換して解く場合について示しておく。式(13-35)は次式のように書き直すことができる。

$$Ri + \frac{q}{C} = E \tag{13-39}$$

さらに，式(13-39)を次式のように書き直す。

$$R\frac{dq}{dt} + \frac{q}{C} = E \tag{13-40}$$

両辺をラプラス変換すると

$$\qquad \qquad (13\text{-}41)$$

となる。s 領域における電荷 $Q(s)$ は，次式で表すことができる。

$$Q(s) = \frac{E/s + Rq(0)}{sR + 1/C} \qquad (13\text{-}42)$$

これを変形して

$$Q(s) = \frac{E/R}{s\{s + 1/(CR)\}} + \frac{q(0)}{s + 1/(CR)} \qquad (13\text{-}43)$$

右辺第1項を部分分数展開（13-8節を参照）すると

$$Q(s) = \frac{CE}{s} - \frac{CE}{s + 1/(CR)} + \frac{q(0)}{s + 1/(CR)} \qquad (13\text{-}44)$$

を得ることができる。ここで，$t = 0$ で $q(0) = 0$ の条件を入れると，次式のようになる。

$$Q(s) = \frac{CE}{s} - \frac{CE}{s + 1/(CR)} \qquad (13\text{-}45)$$

式 (13-45) をラプラス逆変換すると，電荷 q の過渡現象として

$$q(t) = CE - CE\,\mathrm{e}^{-\frac{t}{CR}} \qquad (13\text{-}46)$$

を求めることができる。電流 i は

$$i = \frac{dq}{dt} = \frac{E}{R}\,\mathrm{e}^{-\frac{t}{CR}} \qquad (13\text{-}47)$$

となり，式 (13-38) と同じ結果を得ることができる。

13-8 部分分数展開

電気回路が複雑なものである場合，関数 $f(t)$ をラプラス変換した後の $F(s)$ は s の高次多項式となる。この場合，単純にラプラス逆変換できないので，部分分数に展開した後，Table 13-1 に示したラプラス変換表を用いることになる（簡単な分数の和の形にして，ラプラス変換表を使いやすくする）。いま，$F(s)$ を

$$F(s) = \frac{M(s)}{N(s)} \qquad (13\text{-}48)$$

とし，$F(s)$ の分子 $M(s)$ の次数が分母 $N(s)$ の次数より小さい場合を考える。

分母 $N(s)$ を因数分解してつぎのように表現する。

$$F(s) = \frac{M(s)}{(s - s_1)(s - s_2)\cdots(s - s_n)} \qquad (13\text{-}49)$$

すべての極が単純極の場合（数学の専門書を参照すること），式 (13-49) は部分分数に展開できる。すなわち

13. ラプラス変換を用いた過渡現象の解析

$$F(s) = \frac{M(s)}{(s-s_1)(s-s_2)\cdots(s-s_n)} = \frac{K_1}{(s-s_1)} + \frac{K_2}{(s-s_2)} + \cdots + \frac{K_3}{(s-s_n)} \tag{13-50}$$

各項における係数 K_i は，通分したときの分子を $M(s)$ と比較することによって求めることができる。また，つぎに示す演算を行うことでも求めることができる。

$$(s-s_i)F(s)\Big|_{s=s_i} = K_i \tag{13-51}$$

以下に部分分数展開の具体例を示す。まず，次式で示される関数を考える。

$$F(s) = \frac{3s+5}{(s+1)(s+2)} \tag{13-52}$$

式 (13-52) を部分分数に展開すると，つぎのようになる。

$$F(s) = \frac{3s+5}{(s+1)(s+2)} = \frac{K_1}{s+1} + \frac{K_2}{s+2} = \frac{(K_1+K_2)s + 2K_1+K_2}{(s+1)(s+2)} \tag{13-53}$$

ここで，$K_1+K_2=3$，$2K_1+K_2=5$ となり，$K_1=2$，$K_2=1$ と求められる。したがって，式 (13-52) は

$$F(s) = \frac{2}{s+1} + \frac{1}{s+2} \tag{13-54}$$

と部分分数展開することができる。これをラプラス逆変換すると，次式を得る。

$$\quad \tag{13-55}$$

Problem 13-3 つぎに示す関数のラプラス逆変換を求めよ。

(1) $\dfrac{1}{s+6}$　(2) $\dfrac{4}{s^2+16}$　(3) $\dfrac{s}{s^2-9}$　(4) $\dfrac{3s+2}{(s+a)(s+b)}$　(5) $\dfrac{s+1}{(s-2)(s+3)}$

Problem 13-4 初期電圧 V_0 が充電されているキャパシタンスが C のキャパシタと抵抗 R の直列回路を **Fig**. 13-8 に示す。$t=0$ でスイッチ S を閉じたときの電流 i の過渡現象を，ラプラス変換を用いて求めよ。

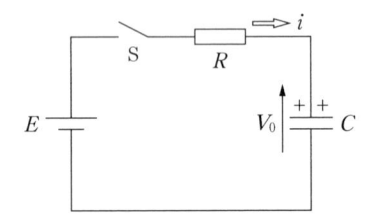

Fig. 13-8　Problem 13-4

Problem 13-5 Fig. 13-9において，スイッチSが閉じた状態で定常状態となっている．$t=0$でスイッチSを開いたときに流れる電流iの過渡現象を，ラプラス変換を用いて求めよ．

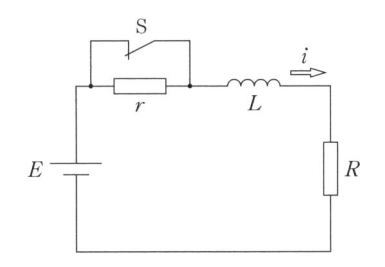

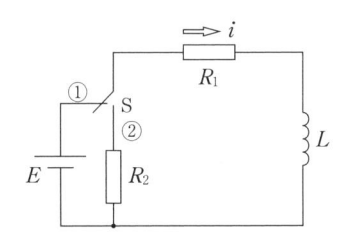

Fig. 13-9 Problem 13-5

Problem 13-6 Fig. 13-10において，$t=0$でスイッチSを閉じたときに流れる電流iの過渡現象を，ラプラス変換を用いて求めよ．

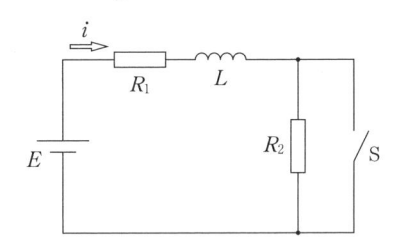

Fig. 13-10 Problem 13-6

Problem 13-7 Fig. 13-11において，$t=0$でスイッチSを①から②に切り換えたときに，インダクタンスがLのインダクタに流れる電流iの過渡現象を，ラプラス変換を用いて求めよ

Fig. 13-11 Problem 13-7

13-9 インパルス応答

回路の初期条件がすべてゼロの静止状態の回路のことを**零状態**（zero-state）と呼ぶ．いま，零状態のR-L-C直列回路（**Fig. 13-12**）に電圧$e(t)$を加えたとする．回路に流れる電流を$i(t)$とすると，回路方程式は

$$L\frac{di}{dt} + Ri + \frac{1}{C}\int i dt = e(t) \tag{13-56}$$

と表される．

電圧$e(t)$を加えることにより，電流$i(t)$が流れた事実を表現するための用語として，$e(t)$を**励振**（excitation），$i(t)$を**応答**（response）と呼ぶことがある．式（13-56）の両辺をラプラス変換すると

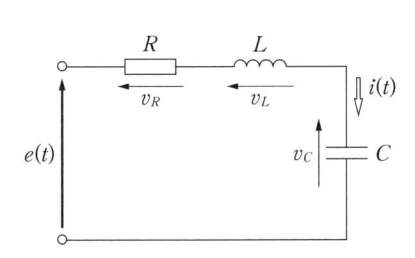

Fig. 13-12 R-L-C直列回路

$$\left(sL + R + \frac{1}{sC}\right)I(s) = E(s) \tag{13-57}$$

となる。ここでは，回路が零状態であるので，初期条件はすべてゼロとして扱っている。

いま

$$H(s) \equiv \frac{I(s)}{E(s)} \tag{13-58}$$

とおいてみる。$H(s)$ は R-L-C 直列回路に固有のものであり，s の関数となっている（いまの場合は s 領域におけるアドミタンスになっている）。応答のラプラス変換と励振のラプラス変換の比を，一般に**回路網関数**（network function）と呼んでいる。すなわち

$$H(s) = \frac{\text{応答のラプラス変換}}{\text{励振のラプラス変換}} \tag{13-59}$$

となる。

Fig. 13-12 の回路に，励振 $e(t)$ として δ 関数を加えた場合を考える。このときの s 領域における電流 $I(s)$ は，δ 関数のラプラス変換が 1（Table 13-1 を参照）であるため

$$I(s) = H(s) \tag{13-60}$$

となる（電流が回路網関数と同じになる）。式 (13-60) を逆ラプラス変換すると

$$i(t) = h(t) \tag{13-61}$$

の表現が可能であり，この $h(t)$ を**単位インパルス応答**（unit impulse response）と呼ぶ。単位インパルス応答は回路に固有のものである。回路の単位インパルス応答がわかっていれば，任意波形の励振に対しての応答を計算できる。

Problem 13-8　電気回路の単位インパルス応答がわかっていれば，任意の励振に対しての応答を求めることができる。このことを証明せよ。

Problem 13-9　Fig. 13-13 の R-L 直列回路において，単位インパルス応答 $h(t)$ を求めよ。

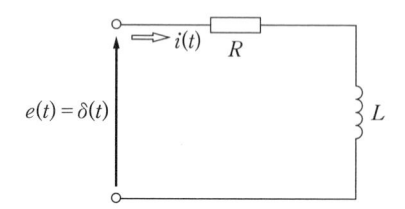

Fig. 13-13　Problem 13-9

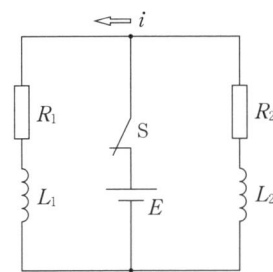

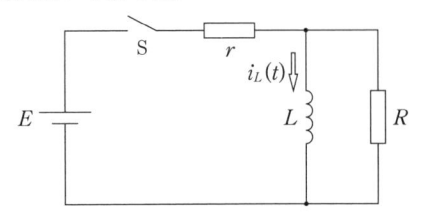

Exercises

Exercise 13-1 Fig. 13-A の R-L-C 直列回路において，t=0 でスイッチ S を閉じたときに流れる電流の過渡現象を，ラプラス変換を用いて求めよ．

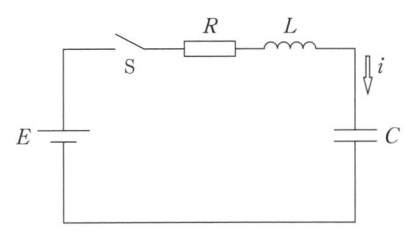

Fig. 13-A Exercise 13-1

Exercise 13-2 Fig. 13-B の回路は，スイッチ S を閉じた状態で定常状態となっている．t=0 でスイッチ S を開いたときに流れる電流 i の過渡現象を，ラプラス変換を用いて求めよ．なお，$R_1 \neq R_2$，$L_1 \neq L_2$ とする．

Fig. 13-B Exercise 13-2

Exercise 13-3 Fig. 13-C の R-L 並列回路において，t=0 でスイッチ S を閉じたときにインダクタンス L のインダクタに流れる電流 i_L を，ラプラス変換を用いて求めよ．

Fig. 13-C Exercise 13-3

Exercise 13-4　**Fig. 13-D** の R-C 並列回路において，$t=0$ でスイッチ S を閉じたときにキャパシタンス C のキャパシタに流れる電流 i_C を，ラプラス変換を用いて求めよ。ただし，キャパシタはスイッチ S を閉じる前に，すでに電圧 V_0 に相当する電荷で充電されていたものとする。

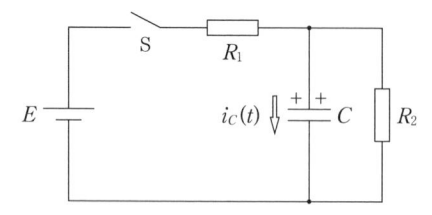

Fig. 13-D　Exercise 13-4

Exercise 13-5　**Fig. 13-E** に示す回路は，スイッチ S が①の状態で定常となっている。いま，$t=0$ でスイッチ S を①→②へ切り換えたとき（破線で示した状態），回路に流れる電流の過渡現象を，ラプラス変換を用いて求めよ。

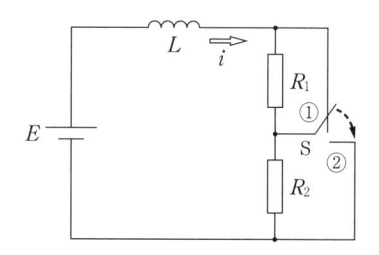

Fig. 13-E　Exercise 13-5

Exercise 13-6　**Fig. 13-F** の回路において，$t=0$ でスイッチ S を閉じたときのキャパシタの両端の電圧の時間変化を，ラプラス変換を用いて求めよ。ただし，$e(t)=\sin\omega t$ とする。

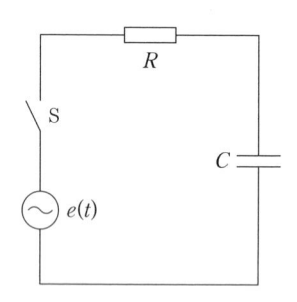

Fig. 13-F　Exercise 13-6

Exercise 13-7　$f(at)$，$e^{-at}f(t)$，および $f(t-a)$ のラプラス変換が，おのおの $\dfrac{1}{a}F\left(\dfrac{s}{a}\right)$，$F(s+a)$，および $e^{-as}F(s)$ となることを確認せよ。また，その他，ラプラス変換の性質について研究せよ。

14章 回路網の取扱い

　本章では，回路網の入出力の関係のみに着目して回路を取り扱う方法について述べる。「入出力の関係のみに着目する」ということは，回路網の詳細にはかかわらず，回路網をある機能をもったまとまりとして見なすことを意味する。本章では，回路の伝送特性を表現するための各種パラメータについて述べていく。なお，本章での電圧・電流の表現には以下の約束があることを留意してもらいたい。

大文字の表現の場合：ラプラス変換法で定義される複素周波数 s の関数としての表示。
上部にドットが付いている場合：正弦波交流を想定したフェーザー表示。

14-1　回路網の表現方法

　Fig. 14-1 に示す「四角い箱」の部分は，R，L および C の線形回路素子で構成されているとする。箱のなかの素子の具体的な接続状態には着目しない。この箱から Fig. 14-1 のように三つの端子対（合計六つ）が出ている。各端子対には電流が入出している。n 個の端子対をもち，流入，流出電流が相等しい状態で使用される回路を **n 端子対回路網**（n terminal-pair network circuit）あるいは **n ポート回路**（n ports circuit）と呼ぶ。

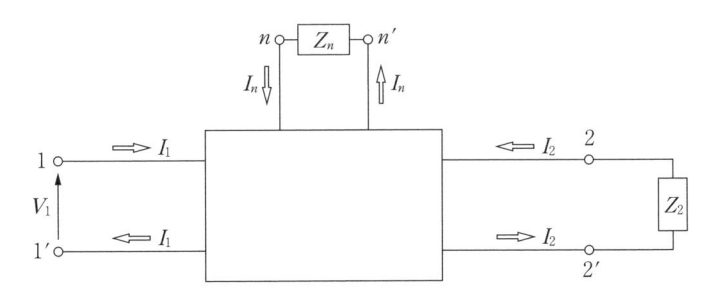

Fig. 14-1　n 端子対回路網の入出力

　Fig. 14-1 では，端子 1-1' に電源が接続され（励振），2-2' および n-n' に負荷が接続されている。端子 1-1' を**入力端**（input terminal），2-2' および n-n' を**出力端**（output terminal）と呼ぶ。また，入力端は**駆動点**（driving-point）とも呼ばれる。以下より一端子対回路網，二端子対回路網について述べる。

14-2　一端子対回路網の表現方法

回路から一対の端子を取り出したものを，**一端子対回路網**（one terminal-pair network circuit）あるいは**二端子回路網**（two terminal network circuit）という。**Fig. 14-2** の端子 1-1' における電圧（励振），電流（応答）の関係は，両者の比であるインピーダンスあるいはアドミタンスで決定される。すなわち

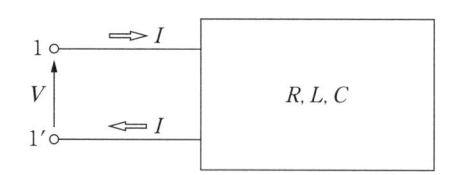

Fig. 14-2 一端子対（二端子）回路網の入出力

$$Z(s)=\frac{V(s)}{I(s)}, \qquad Y(s)=\frac{I(s)}{V(s)} \tag{14-1}$$

$Z(s)$ および $Y(s)$ は，それぞれ端子 1-1' における**駆動点インピーダンス**（driving-point impedance），**駆動点アドミタンス**（driving-point admittance）という。両者の関係はすでに明らかなように

$$Z(s)=\frac{1}{Y(s)} \tag{14-2}$$

と示される。

14-3　二端子対回路網の表現方法

電源から負荷には通常，回路網を介して信号伝送（電力伝送）が行われる。**Fig. 14-3** に示すような，電源を接続する端子一対，負荷を接続する端子一対の2組の端子対をもつ回路を，**二端子対回路網**（two terminal-pair network circuit, two port circuit），あるいは**四端子回路網**（four terminal network circuit）という。

Fig. 14-3　二端子対回路網の入出力

二端子対回路網では，回路網の中味を考えずに，2組の端子対にかかわる電圧，電流（V_1, I_1, V_2, I_2）の変量にのみ着目することになる。これらの二つを独立変数 x_1, x_2 に割り当て，残りの二つを従属変数として y_1, y_2 とすると，回路の特性を2元1次連立方程式で表すことができる。すなわち

$$\left.\begin{array}{l}y_1 = a_{11}x_1 + a_{12}x_2 \\ y_2 = a_{21}x_1 + a_{22}x_2\end{array}\right\} \tag{14-3}$$

であり，回路は四つのパラメータ $a_{11} \sim a_{22}$ で表現できることになる。これらを**二端子対パラメータ**（two port parameters）という。Fig. 14-3 に示した四つの変量（V_1, I_1, V_2, I_2）のうち，二つを与えて残りを求める。

14-3-1　インピーダンス行列

式 (14-3) において，x_1, x_2 に電流 I_1, I_2 を，y_1, y_2 に V_1, V_2 を当てはめると，$a_{11} \sim a_{22}$ はインピーダンスの次元をもつ**インピーダンスパラメータ**（impeadance parameter）となる。

式 (14-3) を電圧，電流で置き換えると

$$\left.\begin{array}{l}V_1 = Z_{11}I_1 + Z_{12}I_2 \\ V_2 = Z_{21}I_1 + Z_{22}I_2\end{array}\right\} \tag{14-4}$$

となる。行列表示すれば

$$\begin{bmatrix}V_1 \\ V_2\end{bmatrix} = \begin{bmatrix}Z_{11} & Z_{12} \\ Z_{21} & Z_{22}\end{bmatrix}\begin{bmatrix}I_1 \\ I_2\end{bmatrix} \tag{14-5}$$

であり，電圧と電流の間の係数

$$Z = \begin{bmatrix}Z_{11} & Z_{12} \\ Z_{21} & Z_{22}\end{bmatrix} \tag{14-6}$$

は**インピーダンス行列**（impeadance matrix），あるいは単に Z 行列と呼ばれる。インピーダンス行列により，回路網の中身に言及せずに，回路網の電圧・電流特性が表現できることになる。Z_{11}, Z_{22} は，それぞれ端子 1-1′ および 2-2′ における**開放駆動点インピーダンス**（open-circuit driving-point impedance）と呼ばれる。Z_{12} は端子 2-2′ から端子 1-1′, Z_{21} は端子 1-1′ から端子 2-2′ への**開放伝達インピーダンス**（open-circuit transfer impedance）と呼ばれ，それぞれ，次式のように示される。

$$\begin{array}{ll}Z_{11} = \dfrac{V_1}{I_1}\bigg|_{I_2=0} & Z_{22} = \dfrac{V_2}{I_2}\bigg|_{I_1=0} \\[2mm] Z_{12} = \dfrac{V_1}{I_2}\bigg|_{I_1=0} & Z_{21} = \dfrac{V_2}{I_1}\bigg|_{I_2=0}\end{array} \tag{14-7}$$

例えば，Z_{11} は端子 2-2′ を開放した状態で端子 1-1′ の電圧を測定することによって求めることができる。

14-3-2 インピーダンス行列の求め方

Fig. 14-4 に示す T 形回路におけるインピーダンス行列を求めてみる。回路にキルヒホッフの第 2 法則を適用すれば，以下の回路方程式を得ることができる。

$$V_1 = (Z_1 + Z_3)I_1 + Z_3 I_2 \tag{14-8}$$

$$V_2 = Z_3 I_1 + (Z_2 + Z_3)I_2 \tag{14-9}$$

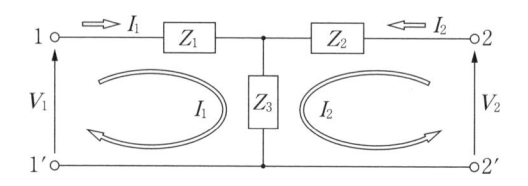

Fig. 14-4 T 形回路

式 (14-8)，(14-9) を式 (14-4) と見比べることにより，インピーダンス行列はつぎのように求まる。

$$Z = \begin{bmatrix} Z_1 + Z_3 & Z_3 \\ Z_3 & Z_2 + Z_3 \end{bmatrix} \tag{14-10}$$

また，式 (14-7) で示した定義に従う方法でも解析を行ってみる。Z_{11} は定義より

$$\tag{14-11}$$

となる。つぎに $I_1 = 0$ のときの条件を考えることから

$$V_1 = Z_3 I_2 \tag{14-12}$$

となり，つぎのようになる。

$$Z_{12} = \frac{V_1}{I_2} = Z_3$$

同様にして

$$Z_{21} = Z_3, \qquad Z_{22} = Z_2 + Z_3 \tag{14-13}$$

が求められる。

14-3-3 アドミタンス行列

Fig. 14-3 の二端子対回路網において，電流 I_1, I_2 を電圧を V_1, V_2 用いて表すと

$$\left. \begin{array}{l} I_1 = Y_{11} V_1 + Y_{12} V_2 \\ I_2 = Y_{21} V_1 + Y_{22} V_2 \end{array} \right\} \tag{14-14}$$

となる。ここで，係数 $Y_{11} \sim Y_{22}$ はアドミタンスの次元をもっており，**アドミタンスパラメータ**（admittance parameter）と呼ばれる。14-3-2 項と同様に，行列を用いることにより

$$\begin{bmatrix} I_1 \\ I_2 \end{bmatrix} = \begin{bmatrix} Y_{11} & Y_{12} \\ Y_{21} & Y_{22} \end{bmatrix} \begin{bmatrix} V_1 \\ V_2 \end{bmatrix} \tag{14-15}$$

となる。係数行列

$$Y = \begin{bmatrix} Y_{11} & Y_{12} \\ Y_{21} & Y_{22} \end{bmatrix} \tag{14-16}$$

は二端子対回路網の**アドミタンス行列**（admittance matrix），あるいは単に Y 行列と呼ばれる。インピーダンス行列と同様に，二端子回路網の電気的特性を示すものとなっており，電圧を電流に変換するものである。また，アドミタンス行列はインピーダンス行列の逆行列に等しい。それぞれのパラメータは

$$Y_{11} = \left.\frac{I_1}{V_1}\right|_{V_2=0} \qquad Y_{22} = \left.\frac{I_2}{V_2}\right|_{V_1=0}$$

$$Y_{12} = \left.\frac{I_1}{V_2}\right|_{V_1=0} \qquad Y_{21} = \left.\frac{I_2}{V_1}\right|_{V_2=0} \tag{14-17}$$

で与えられる。Y_{11}, Y_{22} は，それぞれ端子 1-1′ および 2-2′ における**短絡駆動点アドミタンス**（short-circuit driving-point admittance）」と呼ばれる。Y_{12} は端子 2-2′ から端子 1-1′，Y_{21} は端子 1-1′ から端子 2-2′ への**短絡伝達アドミタンス**（short-circuit transfer admittance）という。

Problem 14-1 Fig. 14-5 に示す π 形回路のアドミタンス行列を求めよ。

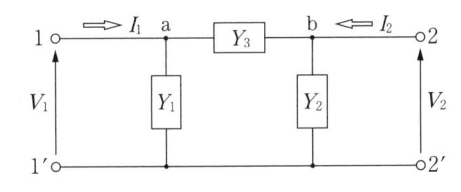

Fig. 14-5 Problem 14-1

14-3-4 縦続行列（基本行列，F 行列）

端子の電流で端子電圧を表すのがインピーダンス行列，端子電圧で端子の電流を表すのがアドミタンス行列であった。ここでは，入力側の電圧・電流（V_1, I_1）を出力側の電圧・電流（V_2, I_2）で表現することを考える。

Fig. 14-6 に二端子対回路網を示す。Fig. 14-6 は，Fig. 14-3 で示した回路に比べて**電流 I_2 の向きを反対に定義**している。

ここで，一次側の電圧・電流を，二次側の電圧・電流を用いて表現する。V_1 および I_1 は

14. 回路網の取扱い

Fig. 14-6 Fパラメータにおける入出力のとり方

$$\left.\begin{array}{l} V_1 = AV_2 + BI_2 \\ I_1 = CV_2 + DI_2 \end{array}\right\} \tag{14-18}$$

と表すことができる。これを行列表示すると

$$\begin{bmatrix} V_1 \\ I_1 \end{bmatrix} = \begin{bmatrix} A & B \\ C & D \end{bmatrix} \begin{bmatrix} V_2 \\ I_2 \end{bmatrix} \tag{14-19}$$

となる。ここで，係数行列

$$\boldsymbol{F} = \begin{bmatrix} A & B \\ C & D \end{bmatrix} \tag{14-20}$$

は出力側の電圧・電流を入力側に変換する機能を有しており，**縦続行列**（cascade matrix, chain matrix）または四端子行列，あるいは単に **F行列**（fundamental matrix）などという。入力側と出力側が式の左辺と右辺に分離されるので，縦続してつながる回路の解析に便利となる。

縦続行列の各要素$A \sim D$は，**Fパラメータ**（F parameter）あるいは**四端子定数**（four-terminal parameter）などと呼ばれ，以下のように定義される。

$$A = \left.\frac{V_1}{V_2}\right|_{I_2=0} \qquad B = \left.\frac{V_1}{I_2}\right|_{V_2=0}$$

$$C = \left.\frac{I_1}{V_2}\right|_{I_2=0} \qquad D = \left.\frac{I_1}{I_2}\right|_{V_2=0} \tag{14-21}$$

Fパラメータの次元は，A, Dが無次元，B〔Ω〕，C〔S〕である。Aは開放電圧減衰率（電圧利得の逆数），Bは短絡伝達インピーダンス，Cは開放伝達アドミタンス，Dは短絡電流減衰率（電流増幅度の逆数）と呼ばれる。

Fパラメータは，インピーダンスパラメータおよびアドミタンスパラメータを用いて

$$A = \frac{Z_{11}}{Z_{21}} = -\frac{Y_{22}}{Y_{21}}$$

$$B = \frac{Z_{11}Z_{22} - Z_{12}Z_{21}}{Z_{21}} = \frac{|Z|}{Z_{21}} = -\frac{1}{Y_{21}}$$

$$C = \frac{1}{Z_{21}} = -\frac{Y_{11}Y_{22} - Y_{12}Y_{21}}{Y_{21}} = -\frac{|Y|}{Y_{21}}$$

$$D = \frac{Z_{22}}{Z_{21}} = -\frac{Y_{11}}{Y_{21}} \tag{14-22}$$

と表現することが可能である。

いま，**Fig. 14-7**に示すように，2-2′端子を入力側，1-1′端子を出力側にとった回路を考える。この場合のF行列は（ここではF'と表す）

$$\begin{bmatrix} V_2 \\ I_2 \end{bmatrix} = \begin{bmatrix} A & B \\ C & D \end{bmatrix}^{-1} \begin{bmatrix} V_1 \\ I_1 \end{bmatrix} \tag{14-23}$$

と表される。変形すると

$$\begin{bmatrix} V_2 \\ I_2 \end{bmatrix} = \frac{1}{AD-BC} \begin{bmatrix} D & -B \\ -C & A \end{bmatrix} \begin{bmatrix} V_1 \\ I_1 \end{bmatrix} \tag{14-24}$$

となる。相反性をもつ回路（$Z_{12}=Z_{21}$）においては，$AD-BC=1$であり

$$\begin{bmatrix} V_2 \\ I_2 \end{bmatrix} = \begin{bmatrix} D & -B \\ -C & A \end{bmatrix} \begin{bmatrix} V_1 \\ I_1 \end{bmatrix} \tag{14-25}$$

となる。$-I_1$が入力電流，$-I_2$が出力電流であり，それらの符号を考慮すると

$$\begin{bmatrix} V_2 \\ -I_2 \end{bmatrix} = \begin{bmatrix} D & B \\ C & A \end{bmatrix} \begin{bmatrix} V_1 \\ -I_1 \end{bmatrix} \tag{14-26}$$

となり

$$F' = \begin{bmatrix} D & B \\ C & A \end{bmatrix} \tag{14-27}$$

と表すことができる。

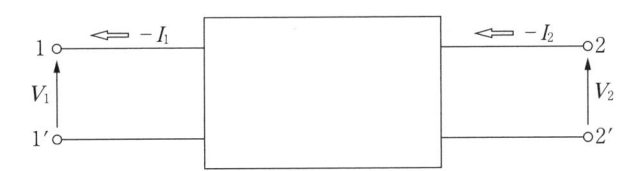

Fig. 14-7 Fパラメータにおける入出力のとり方

Problem 14-2 式(14-22)の結果を用いて，Fig. 14-4に示したT形回路，およびFig. 14-5に示したπ形回路におけるFパラメータを示せ。

14-4 二端子対回路網の接続

F パラメータが，それぞれ $A_1 \sim D_1$，および $A_2 \sim D_2$ で表される二端子対回路網を，**Fig. 14-8** に示すように接続した場合を考える。

14-3 節と同様に，以下の関係を示すことができる。

$$\begin{bmatrix} V_1 \\ I_1 \end{bmatrix} = \begin{bmatrix} A_1 & B_1 \\ C_1 & D_1 \end{bmatrix} \begin{bmatrix} V_2 \\ I_2 \end{bmatrix} \tag{14-28}$$

$$\begin{bmatrix} V_2 \\ I_2 \end{bmatrix} = \begin{bmatrix} A_2 & B_2 \\ C_2 & D_2 \end{bmatrix} \begin{bmatrix} V_3 \\ I_3 \end{bmatrix} \tag{14-29}$$

V_3, I_3 と V_1, I_1 の関係を求めるために V_2, I_2 を消去すると

$$\begin{bmatrix} V_1 \\ I_1 \end{bmatrix} = \begin{bmatrix} A_1 & B_1 \\ C_1 & D_1 \end{bmatrix} \begin{bmatrix} A_2 & B_2 \\ C_2 & D_2 \end{bmatrix} \begin{bmatrix} V_3 \\ I_3 \end{bmatrix} \tag{14-30}$$

となり，係数行列を展開すると

$$ \tag{14-31}$$

と示される。

二端子対回路網を任意に縦続接続した場合，F 行列を順に掛け合わせることで回路解析が可能となる。

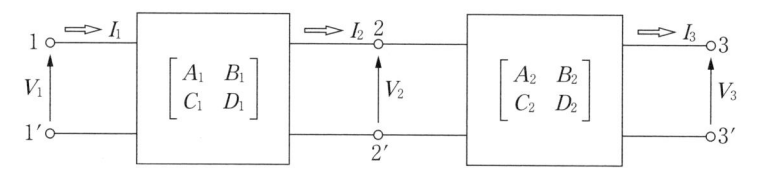

Fig. 14-8 二端子対回路網の接続

Problem 14-3 **Fig. 14-9**（a），（b）に示す回路の F 行列を求めよ。ただし，Z はインピーダンス，Y はアドミタンスとして考えよ。

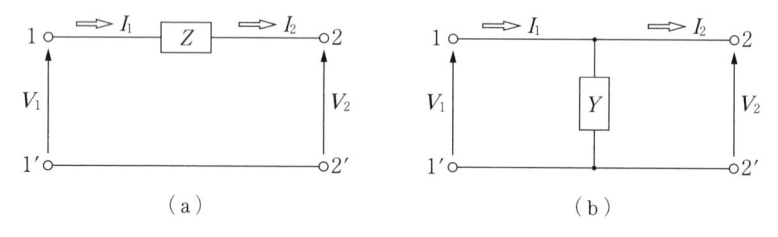

Fig. 14-9 Problem 14-3

Problem 14-4 **Fig.** 14-10 に示す L 形回路の F 行列を示せ。

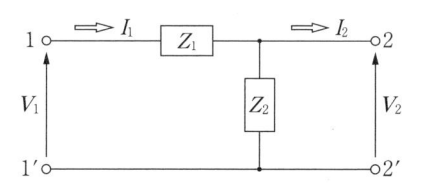

Fig. 14-10 Problem 14-4

14-5　二端子対回路網による信号伝送

　二端子対回路網を伝送回路として用いる場合は，伝送損失を少なくさせる工夫が必要となる。そのため，一般に伝送線と送受信装置の接合点から両側を見たときの，インピーダンスの大きさを一致させた状態（**インピーダンス整合**という）で信号伝送を行う方式が採用される。

　Fig. 14-11 は，二端子対回路網の入出力端に，それぞれ内部インピーダンス Z_S の信号源，負荷インピーダンス Z_L を接続した状態を示している。

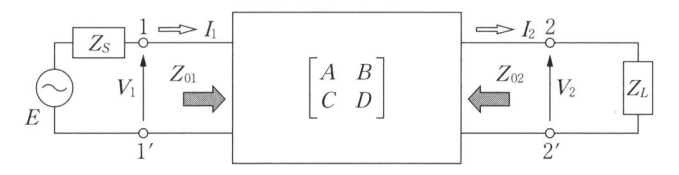

Fig. 14-11　二端子対回路網と，信号源・負荷との接続

　入力端から回路網を見たときのインピーダンスを Z_{01}，出力端から回路網を見たときのインピーダンスを Z_{02} とする。Fig. 14-11 において，$Z_S = Z_{01}$ かつ $Z_L = Z_{02}$ となるとき，この Z_{01} および Z_{02} を，二端子対回路網の**影像インピーダンス**（image impedance）という（入出力端から左右どちらを見てもインピーダンスが等しくなっている状態を，インピーダンス整合がとれている状態という）。インピーダンス整合された伝送系の回路設計には，F パラメータによる影像インピーダンスの表現が必要となる。

　Fig. 14-11 において，入力端影像インピーダンス（入力インピーダンス）Z_{01} は

$$Z_{01} = \frac{V_1}{I_1} \tag{14-32}$$

であり，負荷インピーダンス Z_L は

$$Z_L = \frac{V_2}{I_2} \tag{14-33}$$

と表すことができる。式 (14-18) に代入すると，次式のようになる。

$$
\left.\begin{aligned}
V_1 &= AV_2 + BI_2 = AZ_L I_2 + BI_2 = (AZ_L + B)I_2 \\
I_1 &= CV_2 + DI_2 = CZ_L I_2 + DI_2 = (CZ_L + D)I_2
\end{aligned}\right\} \tag{14-34}
$$

したがって，Z_{01} は

$$
Z_{01} = \frac{V_1}{I_1} = \frac{AZ_L + B}{CZ_L + D} \tag{14-35}
$$

と表記できる．式 (14-35) は，入力インピーダンス Z_{01} が F パラメータと負荷インピーダンスで表現可能であることを示している．

つぎに，出力端影像インピーダンス（出力インピーダンス）Z_{02} について検討してみる．**Fig. 14-12** に示すように，2-2′端子を入力側，1-1′端子を出力側にとった回路において，V_2, I_2 は，式 (14-26) よりそれぞれ

$$
\left.\begin{aligned}
V_2 &= DV_1 + B(-I_1) \\
-I_2 &= CV_1 + A(-I_1)
\end{aligned}\right\} \tag{14-36}
$$

と表すことができる．Z_{02} および電源の内部インピーダンス Z_S はそれぞれ

$$
Z_{02} = \frac{V_2}{-I_2}, \qquad Z_S = \frac{V_1}{-I_1} \tag{14-37}
$$

であり，式 (14-36) との関係から

$$
\left.\begin{aligned}
V_2 &= DV_1 + B(-I_1) \\
&= DZ_S(-I_1) + B(-I_1) = (DZ_S + B)(-I_1) \\
-I_2 &= CV_1 + A(-I_1) \\
&= CZ_S(-I_1) + A(-I_1) = (CZ_S + A)(-I_1)
\end{aligned}\right\} \tag{14-38}
$$

となる．したがって，Z_{02} は

$$
Z_{02} = \frac{V_2}{-I_2} = \frac{DZ_S + B}{CZ_S + A} \tag{14-39}
$$

と表記できる．式 (14-39) は，出力インピーダンス Z_{02} が F パラメータと電源の内部インピーダンスで表現可能であることを示している．

さらに，ここでインピーダンス整合の条件

$$Z_S = Z_{01}, \qquad Z_L = Z_{02}$$

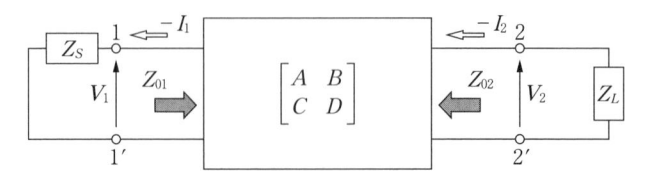

Fig. 14-12 二端子対回路網と信号源・負荷との接続

を式 (14-35) および式 (14-39) に与えると

$$Z_{01} = \frac{AZ_{02} + B}{CZ_{02} + D}, \qquad Z_{02} = \frac{DZ_{01} + B}{CZ_{01} + A} \tag{14-40}$$

となり，この二つの式を連立させて Z_{01}, Z_{02} について解けば

$$Z_{01} = \sqrt{\frac{AB}{CD}}, \qquad Z_{02} = \sqrt{\frac{DB}{CA}} \tag{14-41}$$

を得ることができる。

Problem 14-5 **Fig**. 14-13 に示す L 形回路の影像インピーダンスを求めよ。

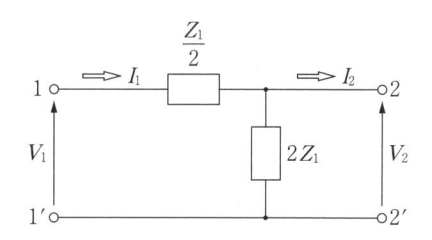

Fig. 14-13 Problem 14-5

14-6 フィルタ

通信回線などにおいては，ある特定の周波数成分の電圧や電流が必要になることが多々ある（ノイズなど，特定の周波数成分を不要とする場合もある）。特定の周波数範囲の電力を通過させたり，遮断したりする目的のために使われる回路網を，**フィルタ**（filter）と呼んでいる。フィルタは二端子対回路網の代表的なものである。本節では，最も簡単な定 K 形フィルタについて紹介する。

14-6-1 受動型フィルタの種類

特定の周波数 f_c（遮断周波数と呼ぶ）より低い周波数範囲の電力のみを通過させ，f_c より高い周波数成分を減衰させるものを**低域通過フィルタ**（low pass filter, LPF）と呼ぶ。一方，LPF とは逆に，f_c 以上の高い周波数を通過させ，低い周波数を減衰させて遮断するフィルタを**高域通過フィルタ**（high pass filter, HPF）と呼ぶ。

これら二つのフィルタは，通過させる周波数成分の電力損失を防ぐため，抵抗を用いずに，インダクタとキャパシタを組み合わせたリアクタンスのみの回路網を用いる。

14-6-2 逆 回 路

各種フィルタの説明に入る前に，逆回路の概念を簡単に紹介しておく。

インピーダンス $\dot{Z}_1$ とインピーダンス $\dot{Z}_2$ の二つの回路において，それぞれのリアクタンス成分がたがいに逆の性質をもっているとする（$\dot{Z}_1$ **が誘導性であれば** $\dot{Z}_2$ **が容量性であるということ**）。この場合，インピーダンスどうしの積は周波数に影響されない定数となり，次式のように表現できる。

$$\dot{Z}_1 \dot{Z}_2 = K^2 \tag{14-42}$$

いま，$\dot{Z}_1$ がインダクタンスのみの回路，$\dot{Z}_2$ がキャパシタンスのみの回路であったとする。インピーダンスは，それぞれ，次式のようになる。

$$\dot{Z}_1 = j\omega L, \qquad \dot{Z}_2 = -j\frac{1}{\omega C} \tag{14-43}$$

$\dot{Z}_1$ と $\dot{Z}_2$ はたがいに逆の性質をもつことになる。式 (14-42) を用いて計算すると

$$\dot{Z}_1 \dot{Z}_2 = \frac{L}{C} = K^2 \tag{14-44}$$

となる。したがって，$\dot{Z}_1$ と $\dot{Z}_2$ の回路はたがいに逆回路である。

14-6-3 低域通過フィルタ（ローパスフィルタ）

Fig. 14-14 に，インダクタとキャパシタで構成した L 形回路を示す。回路に直列に入っているインダクタのリアクタンスは ωL であり，端子 1-1′ からの入力周波数が高くなるとリアクタンスは大きくなるので，入力電力が端子 2-2′ を通過しにくくなる。一方，回路に並列接続されたキャパシタのリアクタンスは $1/(\omega C)$ であり，周波数が高くなるほど小さくなる。これは端子 2-2′ からの出力電力が小さくなることを意味している。二つのリアクタンスの周波数に対する変化を考えると，Fig. 14-14 の回路は，ある周波数以上の電力が通過できない低域通過フィルタであることが容易に想像できる。

いま，**Fig. 14-15** のように，回路に直列接続されているインピーダンスを $\dot{Z}_1$，並列接続されているインピーダンスを $\dot{Z}_2$ とし

$$\dot{Z}_1 \dot{Z}_2 = K^2 \tag{14-45}$$

の関係が成立しているとする。$\dot{Z}_1$ と $\dot{Z}_2$ がたがいに逆回路であるとき，このフィルタを**定 K 形フィルタ**と呼んでいる。また，K の値をフィルタの**公称インピーダンス**（nominal impedance）と呼んでいる。Fig. 14-14 の公称インピー

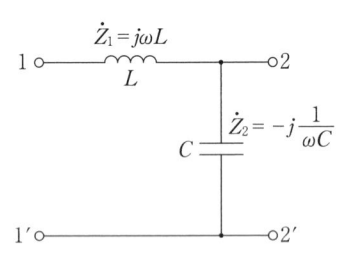

Fig. 14-14 低域フィルタ回路

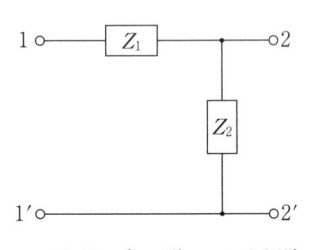

Fig. 14-15 定 K 形フィルタ回路

ダンスは，式 (14-44) に示したように $(L/C)^{1/2}$ となる。

定 K 形フィルタはたがいに逆回路の関係になっているので，$\dot{Z}_1$ と $\dot{Z}_2$ はたがいに符号の異なるリアクタンスである。簡単な考察から，以下の重要な性質を示すことができる。

$Z_1<Z_2$ の周波数範囲は通過域となる

$Z_1>Z_2$ の周波数範囲は減衰域となる

Fig. 14-14 の回路の共振周波数は f_0 は

$$f_0 = \frac{1}{2\pi\sqrt{LC}} \tag{14-46}$$

であり，f_0 を挟んで周波数の通過域と減衰域が **Fig. 14-16** のように表される（周波数 f_0 では $Z_1 = Z_2$ である）。共振周波数が通過域と減衰域の境い目になっていることから，定 K 形フィルタでは

$$f_c = \frac{1}{2\pi\sqrt{LC}} \tag{14-47}$$

として，**遮断周波数**（cut-off frequency）と呼んでいる。式 (14-47) から

$$L = \frac{K}{2\pi f_c}, \qquad C = \frac{1}{2\pi f_c K} \tag{14-48}$$

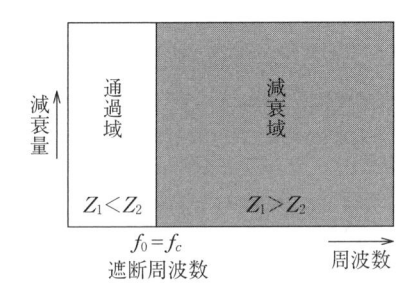

Fig. 14-16 低域フィルタ

が得られ，遮断周波数と公称インピーダンスが与えられれば，フィルタの L と C の値を計算することができる。

14-6-4 高域通過フィルタ（ハイパスフィルタ）

Fig. 14-17 のように，直列インピーダンスをキャパシタンス，並列インピーダンスをインダクタンスで構成すると，それぞれのリアクタンスは $1/(\omega C)$ および ωL であり，低い周波数成分の電力が減衰させられ，高い周波数成分が通過する高域通過フィルタとなる。遮断周波数や各リアクタンス値の関係は，式 (14-47)，(14-48) の低域フィルタの場合と同様になる。f_0 を挟んで周波数の通過域と減衰域を，**Fig. 14-18** に示す（周波数 f_0 では $Z_1 = Z_2$ である）。

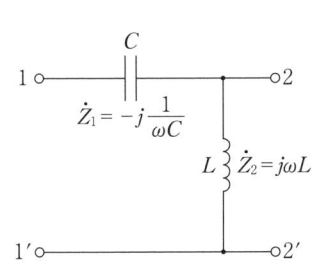

Fig. 14-17 高域通過フィルタ回路

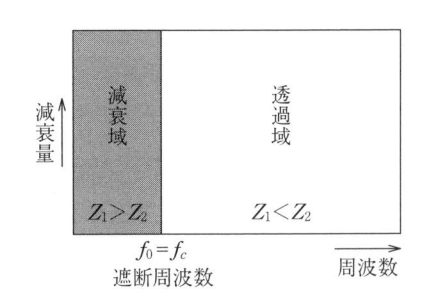

Fig. 14-18 高域通過フィルタ

14. 回路網の取扱い

Problem 14-6 公称インピーダンス $K=600\,\Omega$, 遮断周波数 f_c が $2\,\text{kHz}$ の定 K 形低域通過フィルタを設計せよ（L と C の値を求めよ）。

Problem 14-7 公称インピーダンス $K=300\,\Omega$, 遮断周波数 f_c が $1\,\text{kHz}$ の定 K 形高域通過フィルタを設計せよ（L と C の値を求めよ）。

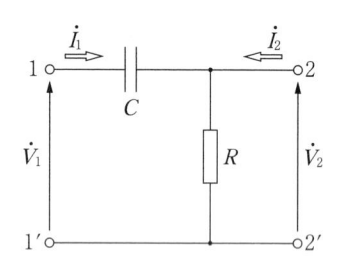

Exercises

Exercise 14-1 Fig. 14-A の二端子対回路網において，インピーダンス Z および F パラメータ $A \sim D$ を用いて電流 I_1, I_2 を表現せよ。

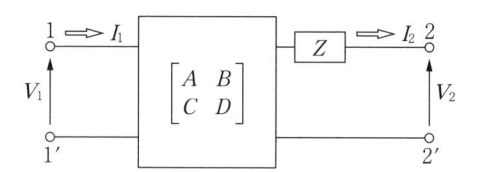

Fig. 14-A Exercise 14-1

Exercise 14-2 Fig. 14-B に示す回路のインピーダンス行列およびアドミタンス行列を示せ。

Fig. 14-B Exercise 14-2

Exercise 14-3 Fig. 14-C に示す回路のアドミタンス行列を示せ。

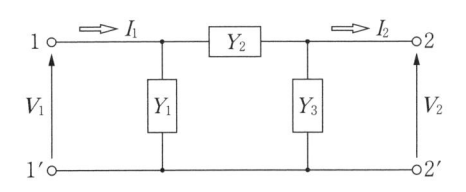

Fig. 14-C Exercise 14-3

Exercise 14-4 Fig. 14-D に示す回路のアドミタンス行列を示せ。

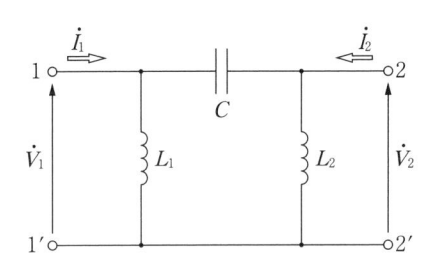

Fig. 14-D Exercise 14-4

Exercise 14-5 回路の特性が次式のインピーダンス行列で示される T 形回路を求めよ。

$$\begin{bmatrix} V_1 \\ V_2 \end{bmatrix} = \begin{bmatrix} Z_1 & Z_2 \\ Z_2 & Z_3 \end{bmatrix} \begin{bmatrix} I_1 \\ I_2 \end{bmatrix}$$

Exercise 14-6 7章の Fig. 7-3 に示した相互インダクタンス回路の F 行列を示せ。

Exercise 14-7 Fig. 14-E の回路を，π形回路および T 形回路を縦続接続したものであると考え，おのおのの F 行列の積より，回路の F 行列を求めよ。

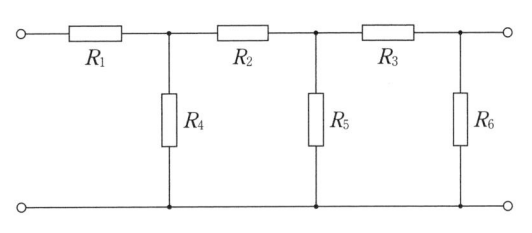

Fig. 14-E Exercise 14-7

引用・参考文献

1) 山口静夫：電気回路基礎入門，コロナ社（2000）
2) 伊佐 弘，谷口勝則，岩井嘉男，吉村 勉，見市知昭：基礎電気回路（第2版），森北出版（2010）
3) 川村雅恭：電気回路，昭晃堂（1992）
4) エドミニスター 著，村崎憲雄ほか 訳：電気回路，マグロウヒル（1981）
5) 堀 浩雄：例題で学ぶやさしい電気回路 -直流編-，森北出版（2004）
6) 堀 浩雄：例題で学ぶやさしい電気回路 -交流編-，森北出版（2004）
7) 永田博義：初めて学ぶ電気理論の考え方・解き方，オーム社（2000）
8) 吉岡宗之：電気回路入門，昭晃堂（2002）
9) J. J. Cathey：Schaum's outlines, Basic Electrical Engineering, 2nd Edition, McGraw-Hill (1996)
10) 山口勝也，井上文弘，佐藤和雅，西田允之：詳解 電気回路例題演習（1）直流回路と交流理論，コロナ社（1969）
11) 山口勝也，井上文弘，佐藤和雅，西田允之：詳解 電気回路例題演習（2）回路網論と多相交流，コロナ社（1969）
12) 山口勝也，井上文弘，佐藤和雅，西田允之：詳解 電気回路例題演習（3）分布定数回路・総合問題他，コロナ社（1970）
13) 柳沢 健，西原明法：基礎 電気回路演習，昭光堂（1981）
14) 日比野倫夫：インターユニバーシティ-電気回路 B-，オーム社（1997）
15) 大重 力，森本義広，神田一伸：例題で学ぶ過渡現象，森北出版（1988）
16) 遠藤 勲，鈴木 靖：電気回路 II，コロナ社（1999）

索　　引

【あ】
アース　3
アドミタンス　51
アドミタンス行列　147
アドミタンスパラメータ　146

【い】
位　相　42
位相角　42
位相差　42
一端子対回路網　144
インダクタ　13, 44
インダクタンス　44
インパルス応答　140
インピーダンス　48
インピーダンス行列　145
インピーダンス三角形　65
インピーダンス整合　151
インピーダンスパラメータ　145

【え】
影像インピーダンス　151
枝電流　20
演算増幅器　125

【お】
オイラーの公式　55
応　答　139
オームの法則　6

【か】
回路方程式　22
回路網関数　140
角周波数　39
角速度　38
重ね合わせの理　29
過制動　121
過渡解　110
過渡現象　109
過渡状態　109

【き】
起電力　5
キャパシタ　13
キャパシタンス　45
共　振　78
共振角周波数　78
共振周波数　79
行列式　22
虚数部　59
キルヒホッフの第1法則　20
キルヒホッフの第2法則　21

【く】
駆動点　143
クラメールの解法　22
グランド　3

【け】
結合係数　74
ケルビンダブルブリッジ　26, 27
減衰定数　120
減衰振動　122

【こ】
コイル　13
高域通過フィルタ　153
公称インピーダンス　154
合成抵抗　7
交流電流　37
交流電力　85
交流ブリッジ回路　106
コンダクタンス　6
コンデンサ　13

【さ】
鎖交磁束保存則　112
サセプタンス　52, 65, 80
三相交流　91
三相電力　96

【し】
自己インダクタンス　44

【し】（続き）
指数関数　118
実効値　41
実数部　59
時定数　113
遮断周波数　155
周期　40
縦続行列　148
充電　116
自由電子　2
周波数　39
出力端　143
ジュール熱　17
ジュールの法則　17
瞬時値　39
瞬時値表示　39
瞬時電力　84
商用周波数　40
初期位相　42
初期条件　112
振幅　39

【せ】
正弦波交流　38
　——の実効値　41
　——の平均値　40
積算電力量計　18
積分回路　125
絶縁体　2
線間電圧　95
線電流　95

【そ】
相互インダクタンス　73
相互誘導　73
相順　92
相電圧　95
相電流　95

【た】
対称三相交流　91
帯電　1
単位インパルス応答　140
単位ステップ関数　129

単相交流	91	同調回路	81	平均電力	84
		導電率	5	平衡	26
【ち】		特性方程式	119	並列共振	80
中性点	93	トラップ回路	81	並列接続	9
直列共振	78			変圧器	74
直列接続	7	**【な】**		偏角	59
		内部アドミタンス	104	変成器	74
【て】		内部インピーダンス	103		
定K形フィルタ	154	内部抵抗	28	**【ほ】**	
低域通過フィルタ	153			ホイートストンブリッジ回路	
抵抗	4	**【に】**			25
抵抗回路	1	二端子対回路網	144	放電	117
抵抗率	4	二端子対パラメータ	145	包絡定数	129
定常解	110	入力端	143		
定常状態	109, 110			**【む】**	
テブナンの定理	31	**【の】**		無効電流	86
テブナンの等価回路	33	ノートンの定理	104	無効電力	86
デルタ関数	130				
電圧	3	**【は】**		**【ゆ】**	
——の分圧	8	ハイパスフィルタ	155	有効電流	86
電圧源	28	波形	37	有効電力	85, 86
電圧降下	12	パルス回路	124	誘導起電力	44
電位	3	半導体	2	誘導性負荷	86
電位差	3			誘導リアクタンス	47
電荷	1	**【ひ】**			
電荷保存則	114	非減衰固有角周波数	120	**【よ】**	
電気抵抗	4	皮相電力	87	容量性負荷	86
電源	5	非同次方程式	110	容量リアクタンス	49
電子	1	微分回路	125		
電磁誘導	44			**【ら】**	
電流	2, 3	**【ふ】**		ラプラス逆変換	129, 132
——の分流	10	フィルタ	153	ラプラス変換	128
——の連続性	9	フェーザー図	56		
電流源	29	フェーザー表示	54	**【り】**	
電力	16	負荷抵抗	17	力率	87
電力量	18, 89	複素周波数	129	理想電圧源	28
		複素数	54	理想電流源	29
【と】		不足制動	122	臨界制動	122
等価	8	部分分数展開	132, 137	励振	139
等価回路	8	フーリエ変換	133		
等価抵抗	69	ブリッジの平衡条件	26	**【れ】**	
等価電源	32	分圧	10	零状態	139
等価変換	32	分流	11	レンツの法則	44
等価リアクタンス	69				
同次方程式	110	**【へ】**		**【ろ】**	
導体	2	閉回路	21	ローパスフィルタ	154

索　引

【F】

F 行列　　　148
F パラメータ　　　148

【N】

n 端子対回路網　　　143

n ポート回路　　　143

【Q】

Q 値　　　79

【Y】

Y 形結線　　　94

Y 形電源　　　94
Y 形負荷　　　94

【Δ】

Δ 形結線　　　94
Δ 形電源　　　94
Δ 形負荷　　　94

中野　人志（なかの　ひとし）
現職：近畿大学教授
専門：レーザー工学

浅居　正充（あさい　まさみつ）
現職：近畿大学教授
専門：計算電磁気学

解いて なっとく 身につく電気回路
Textbook for Understanding of Electrical Circuit with Mathematization and Working Problems
　　　　　　　　　　　　　　　　　© Hitoshi Nakano, Masamitsu Asai　2012

2012 年 5 月 2 日　初版第 1 刷発行
2021 年 12 月 20 日　初版第 7 刷発行

検印省略	著　者	中　野　　人　志
		浅　居　　正　充
	発行者	株式会社　コロナ社
		代表者　牛来真也
	印刷所	新日本印刷株式会社
	製本所	有限会社　愛千製本所

112-0011　東京都文京区千石 4-46-10
発行所　株式会社　コロナ社
CORONA PUBLISHING CO., LTD.
Tokyo Japan
振替00140-8-14844・電話(03)3941-3131(代)
ホームページ　https://www.coronasha.co.jp

ISBN 978-4-339-00834-0　C3054　Printed in Japan　　　　　　（柏原）

〈出版者著作権管理機構　委託出版物〉
本書の無断複製は著作権法上での例外を除き禁じられています。複製される場合は，そのつど事前に，出版者著作権管理機構（電話 03-5244-5088, FAX 03-5244-5089, e-mail: info@jcopy.or.jp）の許諾を得てください。

本書のコピー，スキャン，デジタル化等の無断複製・転載は著作権法上での例外を除き禁じられています。購入者以外の第三者による本書の電子データ化及び電子書籍化は，いかなる場合も認めていません。
落丁・乱丁はお取替えいたします。

大学講義シリーズ

（各巻A5判，欠番は品切または未発行です）

配本順	書名	著者	頁	本体
（2回）	通信網・交換工学	雁部頴一著	274	3000円
（3回）	伝送回路	古賀利郎著	216	2500円
（4回）	基礎システム理論	古田・佐野共著	206	2500円
（10回）	基礎電子物性工学	川辺和夫他著	264	2500円
（11回）	電磁気学	岡本允夫著	384	3800円
（12回）	高電圧工学	升谷・中田共著	192	2200円
（14回）	電波伝送工学	安達・米山共著	304	3200円
（15回）	数値解析（1）	有本卓著	234	2800円
（16回）	電子工学概論	奥田孝美著	224	2700円
（17回）	基礎電気回路（1）	羽鳥孝三著	216	2500円
（18回）	電力伝送工学	木下仁志他著	318	3400円
（19回）	基礎電気回路（2）	羽鳥孝三著	292	3000円
（20回）	基礎電子回路	原田耕介他著	260	2700円
（22回）	原子工学概論	都甲・岡共著	168	2200円
（23回）	基礎ディジタル制御	美多勉他著	216	2400円
（24回）	新電磁気計測	大照完他著	210	2500円
（26回）	電子デバイス工学	藤井忠邦著	274	3200円
（28回）	半導体デバイス工学	石原宏著	264	2800円
（29回）	量子力学概論	権藤靖夫著	164	2000円
（30回）	光・量子エレクトロニクス	藤岡・小原・齊藤共著	180	2200円
（31回）	ディジタル回路	高橋寛他著	178	2300円
（32回）	改訂回路理論（1）	石井順也著	200	2500円
（33回）	改訂回路理論（2）	石井順也著	210	2700円
（34回）	制御工学	森泰親著	234	2800円
（35回）	新版 集積回路工学（1）—プロセス・デバイス技術編—	永田・柳井共著	270	3200円
（36回）	新版 集積回路工学（2）—回路技術編—	永田・柳井共著	300	3500円

定価は本体価格+税です。
定価は変更されることがありますのでご了承下さい。

図書目録進呈◆

電子情報通信レクチャーシリーズ

(各巻B5判，欠番は品切または未発行です)

■電子情報通信学会編

共通

	配本順			頁	本体
A-1	(第30回)	電子情報通信と産業	西村吉雄著	272	4700円
A-2	(第14回)	電子情報通信技術史 ―おもに日本を中心としたマイルストーン―	「技術と歴史」研究会編	276	4700円
A-3	(第26回)	情報社会・セキュリティ・倫理	辻井重男著	172	3000円
A-5	(第6回)	情報リテラシーとプレゼンテーション	青木由直著	216	3400円
A-6	(第29回)	コンピュータの基礎	村岡洋一著	160	2800円
A-7	(第19回)	情報通信ネットワーク	水澤純一著	192	3000円
A-9	(第38回)	電子物性とデバイス	益田一哉 天川修平共著	244	4200円

基礎

B-5	(第33回)	論理回路	安浦寛人著	140	2400円
B-6	(第9回)	オートマトン・言語と計算理論	岩間一雄著	186	3000円
B-7	(第40回)	コンピュータプログラミング	富樫敦著		近刊
B-8	(第35回)	データ構造とアルゴリズム	岩沼宏治他著	208	3300円
B-9	(第36回)	ネットワーク工学	田中敬介 村野裕 仙石正和共著	156	2700円
B-10	(第1回)	電磁気学	後藤尚久著	186	2900円
B-11	(第20回)	基礎電子物性工学 ―量子力学の基本と応用―	阿部正紀著	154	2700円
B-12	(第4回)	波動解析基礎	小柴正則著	162	2600円
B-13	(第2回)	電磁気計測	岩﨑俊著	182	2900円

基盤

C-1	(第13回)	情報・符号・暗号の理論	今井秀樹著	220	3500円
C-3	(第25回)	電子回路	関根慶太郎著	190	3300円
C-4	(第21回)	数理計画法	山下信雄 福島雅夫共著	192	3000円

配本順			頁	本体
C-6 (第17回)	インターネット工学	後藤滋樹／外山勝保 共著	162	2800円
C-7 (第3回)	画像・メディア工学	吹抜敬彦 著	182	2900円
C-8 (第32回)	音声・言語処理	広瀬啓吉 著	140	2400円
C-9 (第11回)	コンピュータアーキテクチャ	坂井修一 著	158	2700円
C-13 (第31回)	集積回路設計	浅田邦博 著	208	3600円
C-14 (第27回)	電子デバイス	和保孝夫 著	198	3200円
C-15 (第8回)	光・電磁波工学	鹿子嶋憲一 著	200	3300円
C-16 (第28回)	電子物性工学	奥村次徳 著	160	2800円

展開

配本順			頁	本体
D-3 (第22回)	非線形理論	香田徹 著	208	3600円
D-5 (第23回)	モバイルコミュニケーション	中川正雄／大槻知明 共著	176	3000円
D-8 (第12回)	現代暗号の基礎数理	黒澤馨／尾形わかは 共著	198	3100円
D-11 (第18回)	結像光学の基礎	本田捷夫 著	174	3000円
D-14 (第5回)	並列分散処理	谷口秀夫 著	148	2300円
D-15 (第37回)	電波システム工学	唐沢好男／藤井威生 共著	228	3900円
D-16 (第39回)	電磁環境工学	徳田正満 著	206	3600円
D-17 (第16回)	ＶＬＳＩ工学 ―基礎・設計編―	岩田穆 著	182	3100円
D-18 (第10回)	超高速エレクトロニクス	中村徹／三島友義 共著	158	2600円
D-23 (第24回)	バイオ情報学 ―パーソナルゲノム解析から生体シミュレーションまで―	小長谷明彦 著	172	3000円
D-24 (第7回)	脳工学	武田常広 著	240	3800円
D-25 (第34回)	福祉工学の基礎	伊福部達 著	236	4100円
D-27 (第15回)	ＶＬＳＩ工学 ―製造プロセス編―	角南英夫 著	204	3300円

定価は本体価格+税です。
定価は変更されることがありますのでご了承下さい。

図書目録進呈◆

電気・電子系教科書シリーズ

(各巻A5判)

- ■編集委員長　高橋　寛
- ■幹　　　事　湯田幸八
- ■編集委員　　江間　敏・竹下鉄夫・多田泰芳
　　　　　　　　中澤達夫・西山明彦

配本順		書名	著者	頁	本体
1.	(16回)	電気基礎	柴田尚志・皆藤新泰・田柴多尚芳　共著	252	3000円
2.	(14回)	電磁気学	多田泰芳・柴田尚志　共著	304	3600円
3.	(21回)	電気回路Ⅰ	柴田尚志　著	248	3000円
4.	(3回)	電気回路Ⅱ	遠藤　勲・鈴木靖典・吉澤昌純・降矢典恵　共著	208	2600円
5.	(29回)	電気・電子計測工学(改訂版) ―新SI対応―	福田和明・吉村二鎮・高西村拓也・西平木・下奥正幸・青西　共編著	222	2800円
6.	(8回)	制御工学	下奥正幸　共著	216	2600円
7.	(18回)	ディジタル制御	青西　俊幸　共著	202	2500円
8.	(25回)	ロボット工学	白水　俊次　著	240	3000円
9.	(1回)	電子工学基礎	中澤達夫・藤原勝幸　共著	174	2200円
10.	(6回)	半導体工学	渡辺英夫　著	160	2000円
11.	(15回)	電気・電子材料	中澤・押田・森田・山藤・服部　共著	208	2500円
12.	(13回)	電子回路	須田健二　共著	238	2800円
13.	(2回)	ディジタル回路	伊原充弘・若海昌純・吉澤　博　共著	240	2800円
14.	(11回)	情報リテラシー入門	室賀進也　共著	176	2200円
15.	(19回)	C++プログラミング入門	湯田幸八　著	256	2800円
16.	(22回)	マイクロコンピュータ制御 プログラミング入門	柚賀正光・千代谷慶　共著	244	3000円
17.	(17回)	計算機システム(改訂版)	春舘日泉雄治　共著	240	2800円
18.	(10回)	アルゴリズムとデータ構造	湯田幸八・伊原博　共著	252	3000円
19.	(7回)	電気機器工学	前田邦弘・新谷勉　共著	222	2700円
20.	(31回)	パワーエレクトロニクス(改訂版)	江間　敏・高橋　勲　共著	232	2600円
21.	(28回)	電力工学(改訂版)	江間　敏・甲斐章彦　共著	296	3000円
22.	(30回)	情報理論(改訂版)	三木成英・吉川英機　共著	214	2600円
23.	(26回)	通信工学	竹下鉄夫・吉川英夫　共著	198	2500円
24.	(24回)	電波工学	松田豊稔・宮田克正・南部幸久　共著	238	2800円
25.	(23回)	情報通信システム(改訂版)	岡田裕・桑原月史・原田唯孝　共著	206	2500円
26.	(20回)	高電圧工学	植松　実　共著	216	2800円

定価は本体価格+税です。
定価は変更されることがありますのでご了承下さい。

図書目録進呈◆